邵 巍　王春婷　主编

美博思远教研组 编著

服装设计必修课

服装设计基础教程

BASIC
COURSE
OF
FASHION
SIGN

电子工业出版社

Publishing House of Electronics Industry

北京·BEIJING

图书在版编目（CIP）数据

服装设计基础教程 / 邵巍，王春婷主编；美博思远教研组编著. -- 北京：电子工业出版社，2023.3

（服装设计必修课）

ISBN 978-7-121-45210-9

Ⅰ.①服… Ⅱ.①邵… ②王… ③美… Ⅲ.①服装设计－教材 Ⅳ.①TS941.2

中国国家版本馆CIP数据核字(2023)第043953号

责任编辑：王薪茜　特约编辑：马　鑫
印　　刷：北京利丰雅高长城印刷有限公司
装　　订：北京利丰雅高长城印刷有限公司
出版发行：电子工业出版社
　　　　　北京市海淀区万寿路173信箱　　邮编：100036
开　　本：787×1092　1/16　印张：13.75　字数：352千字
版　　次：2023年3月第1版
印　　次：2023年3月第1次印刷
定　　价：89.90元

凡所购买电子工业出版社图书有缺损问题，请向购买书店调换。若书店售缺，请与本社发行部联系，联系及邮购电话：（010）88254888，88258888。

质量投诉请发邮件至zlts@phei.com.cn，盗版侵权举报请发邮件至dbqq@phei.com.cn。

本书咨询联系方式：（010）88254161~88254167转1897。

前言

　　服装设计是通过款式、面料、结构、功能、风格等诸多设计元素，共同体现人们对于衣服的穿着需求的专业。严格来讲，"服装"即产品，有其完整的供应链体系，而我们所熟悉的"服装设计"不过是整个服装产业中的一小部分。

　　毫无疑问，服装设计是当今世界潮流变化最快的设计行业。我们对于服饰的要求早已从御寒遮体，升华到更深层次的追求——时尚与美。

　　所以，对于从事服装设计专业或者即将踏上服装设计岗位的人来说，站在需求的角度，以更全面的视角了解行业、理解设计、尝试设计更为重要。故而，本书将在认识服装的基础上，对其中的设计过程进行说明，并对服装设计专业最重要的能力——"设计与表现"进行大篇幅的介绍。

服装风格分类

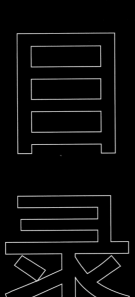

CHAPTER 04

服装效果图手绘实操

CHAPTER 05

服装制版概述

CHAPTER 01

认识服装

服装的基本概念

从供应链了解服装行业

服装文化是社会文化的重要组成部分，是人类"衣食住行"四大基本生存需求中"衣"的抽象表达，在功能性活动、审美活动中均有重要意义。服装设计，则是在人们对服装的基本需求之上的精神需求，通过款式、面料、结构、功能、风格等诸多设计元素，共同体现人们对于衣服的穿着需求的专业。因此，在学习服装设计之前，了解服装的概念至关重要。

1.1 如何定义服装

《中华大字典》称："衣，依也，人所依以庇寒暑也。服，谓冠并衣裳也。"最初，古人将一些可以蔽体的材料做成粗陋的"衣服"，穿着于体外。兽皮、麻草成为最早出现的服装面料。随着社会的发展及人们行为观念的进步，服装已经不仅为穿，还是展示身份、生活态度甚至个人魅力的手段。

1.2 为服装分类

服装的主体是人，鉴于"人"的复杂性，服装分类本来就很难找到标准。由于服装的基本形态、品类、用途、制作方法、原材料的差异，不同需求场景下的服装往往会表现出不同的风格与特色，变化万千、丰富异常。

所以，不同的分类方法，导致我们平时对服装的称谓也不同。

1.1.1 按穿着方式

常见上装包括：夹克衫、外套、风衣、大衣、棉服、羽绒服、西装、中山装、衬衫、背心（马甲）、披风、斗篷、猎装、T恤衫、POLO衫、毛衣、卫衣、文胸等。

常见下装包括：休闲裤、运动裤、西裤、西装短裤、背带裤、马裤、灯笼裤、裙裤、牛仔裤、喇叭裤、棉裤、羽绒裤、超短裤、雨裤、内裤、三角裤、沙滩裤、斜裙、喇叭裙、超短裙、褶裙、筒裙、西装裙等。

常见连体装包括：连衣裤、连衣裙、旗袍、婴儿装、泳装、睡袍、婚礼服、晚礼服、燕尾服等。

常见套装包括：通勤套装、礼服套装、内衣套装、运动套装、睡衣套装、比基尼、校服、民族服装、工作服等。

1.1.2 按用途

内衣紧贴人体，起护体、保暖、整形的作用；外衣则由于穿着场所不同，用途各异，品种类别繁多，又可分为社交服、日常服、职业制服、运动服、家居服、舞台服，以及具有特殊功能的服装等。其中具有特殊功能的服装包括：消防服、高温作业服、潜水服、飞行服、宇航服、登山服等。

1.1.3 按生产或加工标准

成衣指按号型成批量生产的衣服成品。现在零售店铺中出售的都是成衣；时装指时髦的、时兴的服装，主要指流行、前卫的服装，具有一定的周期性。

补充拓展

　　高级定制服装。19世纪中叶，法国的设计师查尔斯·夫莱戴里克·沃斯在巴黎开设了历史上第一家高级定制服装店铺。Haute Couture是"高级定制"的法语原名，诠释其服饰制作极其精良。高级定制服装代表了奢华、高档、精致、独一无二。

　　高级成衣不同于一般成衣，在用料、制作工艺、风格上保留或继承了高级定制服装的某些特点，且往往伴随着较低的产量和较高的价格。可以说，高级成衣是介于高级定制服装和以一般大众为消费对象的大批量生产的廉价成衣之间的一种服装。

　　除上述分类方式外，还有一些服装是按穿着者的性别、年龄、民族以及特殊功能等方面的区别进行分类的。例如，按穿着者的性别、年龄，按服装材料，按服装洗水方法，按国家标准（A类指36个月以下的婴幼儿服装产品的安全标准；B类与C类指儿童或成人的安全标准。其中，B类服装可以直接接触皮肤；C类服装不可以直接接触皮肤）等。

2

从供应链了解服装行业

在了解过服装的基本概念后，好像还不足以让我们真正理解服装行业是如何运行的，它如何产生？去向何处？其中我们所熟悉的服装设计又扮演着什么样的角色？

所以，我们需要了解这一行业中至关重要的概念——供应链。

那么，现在请将你自己想象成一个服装企业的领导者，让我们一起来看看，你需要做些什么？

2.1 什么是服装供应链

"供应链"这个概念最早被人关注和研究是在 2000 年，而在中国被提及，尤其是在服装领域被普及则要从 2010 年开始。"供应链"指为了满足消费者的需要，品牌的产品从原产地到消费点的计划、实施、控制、流动、存储等的整个过程。它受控于消费市场，并被潮流左右。

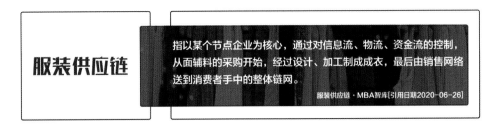

供应链是围绕核心企业，通过对信息流、物流、资金流的控制，从采购原材料开始，制成中间产品以及最终产品，最后由销售网络把产品送到消费者手中，将供应商、制造商、分销商、零售商，直到最终用户连成一个整体的功能网链结构模式。它是一个范围更广的企业结构模式，包含所有加盟的节点企业，从原材料的供应开始，经过链中不同企业的制造加工、组装、分销等过程直到最终用户。

从工作流程上看，服装供应链可以分成八个环节。

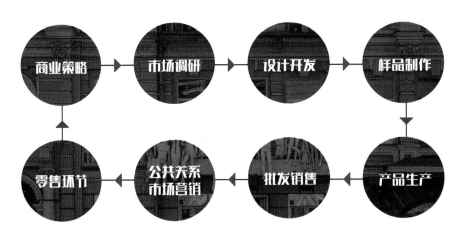

首先，一定要从商业策略开始，需要对品牌进行定位，思考品牌存在的理由，并以此作为全部工作的前提。在这一步中，还需要对目标市场、目标人群（消费者）和竞品进行调研分析，从而确定符合自身品牌定位的产品，市场调研也是品牌能走得更好、更远的保证。

此后，便会进入我们所熟悉的设计开发阶段。在此阶段，品牌策略以及对市场的掌握，会让产品的设计创意开始清晰。设计开发往往与样品制作伴生，毕竟服装设计的效果呈现需要经由三维空间展示（这一过程正随着人工智能技术的成熟而简化），在这个过程中，纸面设计效果图最终将变成一件可穿着的服装样品。

这些服装样品正是变现的筹码。进入销售阶段，一般品牌会通过订货会的方式接收到直营店、经销商或时尚买手开出的订单，并以此调整产品结构、优化资源配置并开始生产。

在生产产品的同时，市场营销也随之开启，这是为了确保你的设计能够在进入终端零售环节时，获取消费者更多的关注。代言广告、优质舆论和各种促销活动，会对销售起到持续的促进作用，尤其是在"互联网+"时代，新媒体传播对市场营销意义非凡。

至此，整个供应链基本结束，但为了保证下一次循环，对产品销售数据的分析将是新产品开始时重要的参考数据。

2.2 服装供应链中的职能与分工

到这里，我们已经理解了什么是服装供应链，简言之，它就是一件衣服从设计概念的产生到消费者购买并将其穿在身上的整个过程。当然，这也不可避免地包含了其中所出现的不同工作职能。

通过上述对服装供应链工作流程的说明，我们可以进一步将其归纳为四个主要阶段——调研、设计开发、生产、销售。其中每个阶段都在服装供应链中扮演着不同的角色，而每个角色又包含着诸多分工与协作。

接下来，我们将对这四个阶段中的工作职能进行说明，以便大家更加立体地了解这一行业。需要说明的是，供应链中的工作职能并不会仅出现于某个阶段，以下会以其在各个阶段的重要程度进行重点讨论。

2.2.1 调研阶段

服装与流行相伴而行，所以了解影响目标客户的主流趋势至关重要。对于消费市场和时尚行业流行趋势的掌握，是一个品牌开发产品的重要依据。因此，产品经理及时尚预测师应运而生。

产品经理：也称"产品企划"，指在公司中针对某一项或某一类的产品进行规划和管理的人员，主要负责产品的研发、制造、营销、渠道等工作。产品经理需要考虑目标用户特征、竞争产品、产品是否符合公司的业务模式等诸多因素，其工作将贯穿于品牌发展的方方面面。

时尚预测师：是一种非常需要想象力和洞察力的职业，其工作围绕市场展开，为时装设计师提供色彩、面料和款式上的指导，分析影响时尚的社会潮流趋势，将时尚设计、历史风格、销售数据、顾客偏好相结合，并进行分析与研究。大多数时候，设计师也往往兼具时尚预测师的工作职能。

2.2.2 设计开发阶段

二维设计概念的产生以及三维效果的呈现，将出现于设计开发阶段。服装设计师是这一阶段的核心人物，但要将设计产品呈现出来，还需要打板师、样衣师和面料师的共同努力。

服装设计师：服装设计师以前期调研为依据，以专业需求、功能性和时尚元素为设计实现基础，经由艺术表达使之符合穿着者的实际需求，并确保设计能满足公司产品的市场定位。设计师需要负责制订品牌的设计方向，建立设计概念板，完成系列产品设计图纸并确定面料和辅料，与打板师和样衣师共同工作跟进初版完成制作。其间，还需要控制成本及预算。

打板师：打板师是将二维的平面设计图纸转化成三维立体服装的关键人物，其将图纸中的服装结构合理化为各式板型（服装制作前的说明图纸），并为规模化、批量化生产服务。打板师需具备扎实的立体裁剪和原型推板能力，需要精准理解人体及数据，能够准确地把握服装款式变化的造型要求，还能够领悟设计师的创作意图并将其合理化。

样衣师：样衣师的工作就是在打板师完成图纸后，利用成衣技术，按照工艺要求制作出完整的样衣。样衣师主要负责服装的工艺，并合理选择所用面料及辅料，确保样品更符合生产需要。样衣制作是为保证产品质量、提高生产效率必不可少的环节。样衣师提供的数据是设计师、打板师和工艺设计师为最终定板必不可少的资料。

采购员：采购员需要对市场非常熟悉，以尽可能低的价格和合适的量来购买最高质量的面料、辅料以及特殊耗材。他们除了要与设计师、样衣师沟通进行采买，并保证物流效率，还需要与管理层对接利润率和存货目标，以保证企业的正常运转。

2.2.3 生产阶段

进入生产环节，标志着企业已经做好了万全的准备和周密的计划，包括对生产技术的落实、对面料辅料商的选择、对合作方的安排、对生产节点的计划等。毕竟一旦进入生产阶段，你最需要关心的就只是质量和效率了。

分级师：也称"放码师"，应该是打板师的一个工作细分，其工作是为每个款式开发一系列尺寸的样板，并保证每个尺寸的服装结构和功能的合理性。在生产环节，样衣师和打板师都会持续参与，以保证商品质量，并对制作过程中的工艺细节提出建议。

面料师：一般情况下，大批量服装面料来自供应商，少数大型品牌拥有独自研发并生产面料的能力，面料师往往和设计师、样衣师协作，确保面料的质量及性价比。

质量管理员：质量管理员是参与制订企业质量管理文件、管理产品质量的人员，在生产型企业内主要对品质负责，基于国家质量管理体系建立产品质量的内部标准，协助经理制订相关规章制度，协调生产与质量管理，确保质量管理制度得到严格执行。

跟单员：跟单员的工作内容繁杂，涉及面广，会与多部门协作。其工作既要跟上级反馈进度，又要及时跟踪相关人员的工作进度，是按期将货物送到客户手中的保障者。

2.2.4 销售阶段

在完成前期调研，开发出系列成衣样品并确定产品的生产能力已经就绪后，那么现在是时候根据你的销售策略去售卖你的产品了。这一阶段，除了要保证利益的最大化，还需要维护好品牌的口碑。

市场经理：市场经理负责确定公司产品和服务的需求、竞争者和潜在客户，开发和维持产品市场，制订价格策略，确保公司利润最大化和客户满意度最大化，监督产品研发，并根据客户的需求和市场的特点开发新的产品或服务。

销售经理：销售经理是指导产品和服务实际销售的人，主要负责区域销售计划的制订与执行、分析销售数据、确定销售潜力并监控客户的偏好。这里的客户可能是代理商，也可能是个人消费者，这取决于品牌的销售策略。销售经理往往还需要负责客户关系管理、销售信息管理以及售后服务。

运营经理：运营经理即计划、指导或协调品牌运营活动的人员。其主要工作是维护、宣传本品牌的定位及形象，让品牌形象深入人心；制订本品牌的市场活动策略，计划及开展公关活动和促销活动。服装品牌的运营团队还需要拍摄品牌形象广告，设计、制作企业形象宣传画册及手册、市场宣传单等。

2.3 服装供应链的类型

尽管所有供应链的目标都是追求成本最低，客户满意度最高，然而，供应链结构却差异明显。根据服装供应链的协调者及服装供应商获得产品的途径，可以将服装供应链分成垂直整合型供应链、采购型供应链以及第三方协调型供应链三种基本类型。

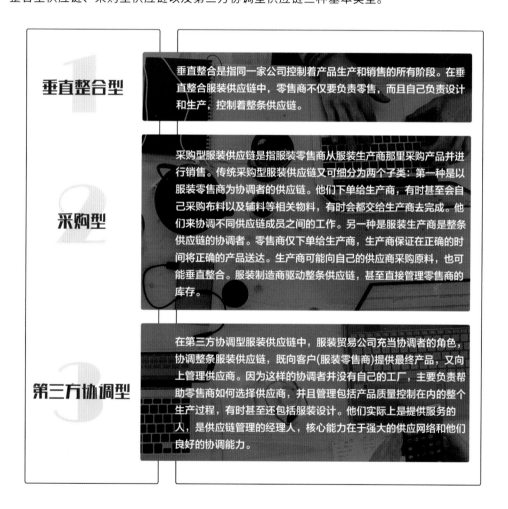

1 垂直整合型
垂直整合是指同一家公司控制着产品生产和销售的所有阶段。在垂直整合服装供应链中，零售商不仅要负责零售，而且自己负责设计和生产，控制着整条供应链。

2 采购型
采购型服装供应链是指服装零售商从服装生产商那里采购产品并进行销售。传统采购型服装供应链又可细分为两个子类：第一种是以服装零售商为协调者的供应链。他们下单给生产商，有时甚至会自己采购布料以及辅料等相关物料，有时会都交给生产商去完成。他们来协调不同供应链成员之间的工作。另一种是服装生产商是整条供应链的协调者。零售商仅下单给生产商，生产商保证在正确的时间将正确的产品送达。生产商可能向自己的供应商采购原料，也可能垂直整合。服装制造商驱动整条供应链，甚至直接管理零售商的库存。

3 第三方协调型
在第三方协调型服装供应链中，服装贸易公司充当协调者的角色，协调整条服装供应链，既向客户(服装零售商)提供最终产品，又向上管理供应商。因为这样的协调者并没有自己的工厂，主要负责帮助零售商如何选择供应商，并且管理包括产品质量控制在内的整个生产过程，有时甚至还包括服装设计。他们实际上是提供服务的人，是供应链管理的经理人，核心能力在于强大的供应网络和他们良好的协调能力。

2.4 服装行业及供应链的未来

身处不确定的时代并面对不稳定的生活，全球供应链的发展也面临着不确定性，这要求服装行业制订应对措施，以确保全球供应链的稳定与安全。

2.4.1 未来的供应链是数字化的

数字化供应链是推进数字化变革和产业变革的一种重要推动力量。链接作为数字化的主要特征，为服装企业带来更大的发展机遇和空间。企业之间、产业之间、地区之间、国家之间的数字化链接成为未来供应链管理和建设的重要手段。对各种原材料、设计开发、生产采购、供应商管理、成本管理，甚至样衣制作与上下游管理等数据进行的分析，是对传统固有的以"经验"维系企业运转的思维的挑战，取而代之的是通过数据对企业经营方向的调整和指导。

2.4.2 未来的供应链将更具韧性也更安全

过去的供应链强调的是效率，但我们必须意识到，在当前世界变局之下，效率并非唯一目标，安全更重要。安全和效率均衡发展的供应链，是未来服装行业发展的基本指导思想。

此外，过去以链主为主导的组织机制，会在未来形成基于数字化和网络化的新供应链组织机制。只有这样，供应链才更有柔性和韧性，才会内生出一旦出现突发事件，供应链也能迅速恢复的能力，这就是供应链的韧性。

2.4.3 未来的供应链将更重视可持续性

绿色低碳、可持续发展，本质上就是在推进人与自然和谐共生。过去发展供应链、发展企业更多考虑的是自我发展，例如企业的规模和效益，而在现在的衡量标准中，必须包含其对可持续发展的承诺，这关乎企业所承担的社会责任。

通过对本章的学习，我们知道了服装的概念，并通过对服装供应链的介绍，浅浅了解了这一行业。下一章我们将详细说明服装设计师该如何工作。

CHAPTER 02

服装设计过程

设计师的自我修养与发展前景

设计师工作

第一步

第二步

第三步

设计师的自我修养与发展前景

1.1 服装设计师的基本素养

作为一门综合性学科，服装设计涉及社会科学和自然科学的广阔领域，包括但不限于美学、工艺学、设计学、人体工程学、消费心理学、材料科学以及市场营销学等多方面、跨领域的知识。

设计从来都不是一件容易的事，设计师的工作也绝非画图那么简单。你做好成为一名服装设计师的准备了吗？

1.1.1 创新的能力

创新是设计的最基本要求，也是当今社会不可或缺的能力。服装设计创新不仅是品牌发展的动力，更关乎消费者的穿着体验、情感需求与生活方式。

服装行业瞬息万变，基于其快节奏和流行周期短的特点，没有什么在这一行业是完全崭新的。时尚是一个循环，设计师的核心工作就是"再创造"。因此，设计师至少应该具备丰富的创作情感、专业的知识经验、正确的文化价值与审美观念，以及独到的个人见解。

1.1.2 审美的能力

在某种程度上，我们可以将服装设计理解为一种艺术创作活动。优秀的设计师通过个人的审美和艺术素养来形成自己的创作语言，他们往往能够轻而易举地发现美，并捕捉到美的本质。感受美的能力或许与生俱来，但将感性认识上升为理性认识的能力，离不开后天的培养，这是创造美和设计美的前提。就如同，你不懂建筑便无法领略空间之美；不懂绘画便无法理解构成之美；不懂历史便无法体会文化之美。

1.1.3 模仿的能力

都说"模仿是学习的结果"，这在服装设计领域同样适用。虽然从这一行为本身来看属于"抄袭"，但"模仿"确实为设计师提供了一种很好的学习方法。正所谓"知来处，方能明去处"，对于成熟的服装款式、结构、色彩、面料、图案甚至文化的模仿，可以快速丰富设计师的经验和技巧，甚至形成自己的设计风格。不可否认，很多成功的设计师也都是从模仿开始的。

但我们应该明确，模仿只是作为弥补自身阅历不足的一种手段，借此加入自己的思考、尝试和创造，才是模仿的意义所在。

1.1.4　搜集信息的能力

服装设计师的大脑中应该有一套丰富的设计素材库，其中应该包括成百上千种领子、袖子、门襟或者衣摆的样式，能够持续更新和沉淀的不同色彩或材质的面料，各个时期的经典风格，紧随潮流的设计趋势或时代技术，以及适用于不同场合或人群好恶的多变组合方案……此外，你还需要对各个品牌的风格特点、设计细节、工艺手段，甚至消费人群如数家珍。设计素材库的丰富程度决定着设计师的竞争力，成功的设计师都是搜集信息的高手。

1.1.5　完成设计的能力

设计是创造的过程，目的是完成符合预期的产品。完成设计，不仅要完成吸睛的设计稿，还要对功能结构、制作工艺、面料选择、成品效果等多方面做出综合性考虑，服装设计的过程是"始于构思，终于产品"的过程。如果说灵感创意转化成效果图的过程是设计师的感性表达，那么，将效果图转化成制衣图纸（纸样），再将制衣图纸转化为成衣的过程，需要的则是理性的思考和严谨的态度。

1.1.6　实践的能力

"实践是检验真理的唯一标准。"当你勇敢地放下马克笔而拿起针线的时候，才算是走出了成为服装设计师的第一步，我们所熟悉的设计技巧与方法往往来自打板、裁剪以及缝制的过程。在实践中，你会发现你能捕捉到的设计灵感开始变多，你的构思也将变得更加立体且贴合实际。

1.1.7　策划的能力

如果你想要成为一名优秀的服装设计师，扎实的专业基础似乎还不足够，你必须学会合理计划并运用各种资源，在设计之初预估结果，包括市场反响、收益预期、危机解决方案、后续发展计划等。毕竟设计无法脱离市场而存在，好的设计师是能够通过整体策划来引导市场和开发市场的，设计也会成为营销的武器。

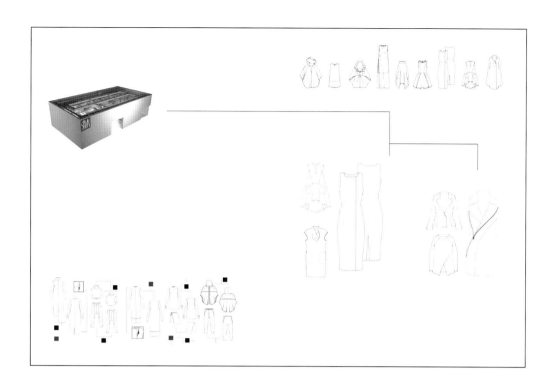

1.2 服装设计师的发展前景

客观来讲，我国的服装产业和服装设计行业相较于西方，一直处于落后的局面。但随着中国经济的不断发展和人们对于本土时尚产业态度的变化，国内的设计环境发生了翻天覆地的变化。

当消费者最初对奢侈品的显性消费需求（财富、身份、地位等炫耀性或追逐性需求）得到了满足、消费心理日趋成熟，以及个人价值取向逐渐演变时，那些带有明显品牌符号和标签的奢侈品大牌已不再能够满足他们接下来的隐性奢华以及个性化消费的需求。消费者开始回到服装本身，转向对"个人情感"的追求和对本土设计师作品的认可。

中国服装设计师也迎来了迄今为止最好的时代，但我们仍然可以窥见，中国设计师的成长还需要更加稳定的商业模式和市场体系作为支持，才能面对更多挑战。无论是从时装周模式衍生出的设计展示平台，还是从展销厅、买手店业态产生的设计师孵化体系，都在从产业链的节点出发，为设计师的生存提供解决方案，为设计师提供展示和销售的平台。

而在良好的大环境下，我们还要看到现实的残酷，在每年成千上万的服装专业毕业生中，只有极少数人能够在某个品牌担任设计师或拥有自己的设计品牌。所以，我们也不得不认清一个事实——服装设计师终究是少数职业。如伦敦时装学院院长弗朗西斯·科纳·奥贝教授所说："并不是学习服装设计专业就应该在未来成为设计师，实际上，时尚及其周边行业对拥有时装设计专业文凭的毕业生有着史无前例的巨大需求。"

所以，服装设计这个专业，相较于"成为一名服装设计师"而言，更需要对设计有洞悉力和实操经验的人才。我们应该明白，服装设计不仅是设计一件衣服、一双鞋或者一套配饰，我们必须去涉猎行业内的其他领域，例如时尚传媒、时尚心理、设计管理等，以便我们能够迎接各种可能性的到来。

2.1 服装设计调研

设计是一种把想法通过合理规划以及各种感觉形式传达出来的过程，而想法形成的最主要方式则来自调研，设计调研对整个服装设计开发过程具有重要的意义。

2.1.1　什么是调研

所谓"调研"，即调查研究，《现代汉语词典》将其定义为"通过各种调查方式系统客观地收集信息并研究分析，对各产业未来的发展趋势予以预测，为投资或发展方向的决策做准备。"这一定义更偏向于市场行为。而《牛津英文大词典》对于"调研"的解释是，"针对素材和资料进行的系统化调查研究，其目的在于建立起事实基础并得出新的结论。"更接近基于设计而进行的灵感采集行为。

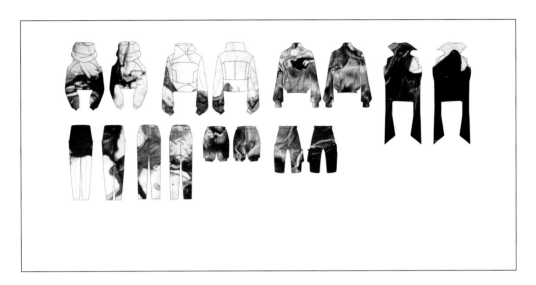

事实上，这两种对于调研的解读都是服装企业不得不做的前期准备，我们姑且以"市场调研"和"设计调研"对其进行区分。

通过市场调研，企业能够及时了解市场供需关系，从而有针对性地制订营销方案、商业策略以及经营发展目标，为企业的经营决策提供科学依据；而设计调研更多的是围绕设计的主题与灵感而展开的信息采集活动，设计师通过对这些"形式"与"理论"资料进行调查、记录和研究来启发设计思维，最终将其转化为服装设计元素。

2.1.2　服装设计调研的意义

服装设计作为时尚的重要组成部分，其同样具有随着社会发展而不断变化的特点，消费者对新颖形式的追求，迫使设计师需要对设计灵感不断地进行补充和挖掘。而设计调研，正是补充设计过程所需的各种灵感，使作品保持新鲜感、时代感的唯一途径，从而为系列服装开发提供依据。

而搜集大量的调研资料不仅会为原创设计提供保障，还会为设计赋予更多的表现形式和创意细节。设计调研同时也会不断丰富设计师的设计素材储备，在保持自身创造力的同时，提升工作效率，并使设计师时常处于被激发的状态。

总之，没有充分的调研就不可能有好的设计。

Model Show

Model Show

Model Show

Model Show

2.1.3 服装设计调研的内容

我们说设计调研是围绕设计主题与灵感而展开的信息采集活动，那么在这一过程中，我们所记录的都包括哪些内容呢？

- **流行趋势**：指一个时代内，在社会或某一群体中广泛流传的生活方式，服装流行趋势是一个时期人们共同审美的体现，这个时期可能非常短暂。
- **款式结构**：即服装的式样或者造型，这是调研和服装设计的核心要素。不同的款式与造型往往能够传递不同的风格特征和设计情绪。
- **设计细节**：设计之美往往见于细节的处理，不经意间留下的东西才会使人印象深刻。虽然设计细节无法左右服装的整体呈现，但一粒纽扣、一个口袋甚至一条线迹都会成为设计的催化剂。
- **色彩**：作为最能引起关注的重要因素，它决定着服装的性格，也体现着不同文化与环境所传递的象征意义。
- **面料肌理**：肌理即质感，由于人们触摸物体的长期体验，以至不必触摸，便会在视觉上感到质地的不同。面料设计已经成为当今服装设计的重要课题。
- **印花装饰**：服装设计更加偏向于装饰艺术的范畴，平面和立体图案则是最直观的设计语言。
- **历史与文化**：设计无法脱离过去而出现，也不能独立于文化而存在。服装或者设计历史上出现过的一切元素都被赋予了文化的属性。

2.2 服装设计调研的途径（切入点）

生活中，很多寻常事物都能够你的设计调研提供素材，我们需要做的可能只是换一个角度思考而已。

2.2.1 服装史

服装设计，从上古时代发展至今，形成了丰富的设计形式与经验。了解服装的历史，你会发现前人着装的智慧以及样式之美。对于过去服装的结构、色彩、图案或者工艺的发掘与重新演绎，便是我们未来的设计中取之不尽的宝藏。

2.2.2 自然界

自然界，可以说是服装设计师思考设计的最佳选择。自然界往往为一手设计资料的采集提供了大量的、丰富多彩的灵感，巧妙的色彩搭配、丰富的质地与肌理、多变的图形图案，为设计调研中的所有关键要素带来启发。

2.2.3 电影、戏剧和音乐

电影、戏剧和音乐可以促使你产生完全不同的情感，它们与时尚和服装有着非常紧密的联系。电影、戏剧和音乐所产生的画面，很可能为你的设计奠定基调。

2.2.4　艺术

设计与艺术之间本身就存在着无法割舍的内在联系，它们相互影响、相互进步，设计源于艺术，艺术又丰富着设计的形式。优秀艺术作品的色彩、构图以及创作构思，都将有助于你的设计表现。

2.2.5　摄影

摄影即"以光线绘图"，作为视觉动物，人们往往会随着光影效果的不同而产生复杂的情感变化，或者震撼，或者细腻，或者愉悦，好的摄影作品往往能为设计师带来意想不到的设计感触，激发设计灵感。

2.2.6　面料

面料是丰富服装形式最重要的手段，对面料的搜集能够帮助服装设计师扩充思路，往往一件服装作品的呈现是从对某一面料的无限想象而展开的。此外，服装设计师可以通过面料再造为作品增加更多可能，更准确地体现创作灵感和诉求。

2.2.7　建筑

优秀的建筑往往具备优美的曲线、严谨的结构、丰富的空间变化以及与环境结合的能力。此外，还具有强烈的艺术表现力。建筑的外观与风格特征往往会成为不错的服装造型灵感。如可可·香奈尔所说："时装就是建筑，它是事关比例的事情。"

2.2.8　科研技术

作为设计行业的首要驱动力，科技为服装设计提供了更加广阔的天地。科技对服饰时尚的影响是一个时代的文化特征。除了创作主题，创作主体的多学科融合也对传统设计的单一审美提出了挑战。新技术和科技创新将成为服装设计师关注的新方向。

2.2.9　流行预测机构

流行预测机构所发布的趋势信息是一个潜在的灵感来源，我们可以通过这些信息对新的大众消费习惯、新的生产技术、新的潮流审美和新的时尚实践进行全面、深入的了解。不过需要注意的是，不可盲目跟从流行，设计师自己对设计的理解至关重要。

2.2.10　书刊

书刊，甚至网络都包含大量的可被我们借鉴或参考的设计方法和形式，站在前人的基础上进行发散性创意或将其作为自身设计的补充，无疑是最经济的做法。而且从书籍中获取的人文观点也将成为你设计理念的来源，让你的设计更有内涵。

2.2.11　旅行

艺术是源于生活并高于生活的创造性活动，作为一位设计师，要不断地以敏锐的眼光去探寻和发现周围的世界，而旅行就是接触生活最好的方式。旅行可以充实思想、开阔眼界、扩充视野，这也正是为什么大型服装品牌会在新季产品开发之前，安排采风旅行的原因。

2.2.12　街头文化

时尚具有阶梯式传播的特征，时尚信息的传播是按照人们所处的社会阶层，从上流社会兴起到街头大众阶层，然而时尚又源于街头并影响着当代服装设计的潮流文化，时尚不再是最初的高高在上、自上而下的追逐，也没有了高级时尚和街头时尚的贵贱之分，街头文化将成为时尚的舞台。

2.3　设计调研中的一手调研及二手调研

一手调研作为最基础的调研方式，是设计师对原始材料的收集过程。一手调研的结果来自设计师对生活的观察、记录和整理，这些原始材料可能来自设计师所见、所想、所感而转化成的影像、图像或文字记录；可能来自设计师有目的的设计实验或者问卷调查；也可能来自设计师的其他原创艺术作品；又或者来自设计师对于历史、文化风俗背景的采集。设计师从这些资料中获取与设计有关的造型、细节、形式、色彩、图案、肌理，甚至观念的信息。这些各种形式的原创信息经由进一步整理与归纳，形成了为设计提供灵感的一手原创资料。

而二手调研则是由他人创造的资料，这些资料可以来自书本、报刊、网络、电影或时尚预测机构所发布的付费信息，这是继一手调研之后更加深入的调研阶段。二手调研往往带有一定的目的性，需要设计师有针对性地积累和搜集，这个过程所获取的资料可以帮助你扩大视野，了解到那些无法亲身触及的经验、物品、环境或者其他重要信息，而这些资料则是一手调研资料的重要拓展与补充。

3

设计师工作的第二步 ——
整理（设计发展）

到目前为止，我们知道了什么是调研，以及为何、如何展开设计调研。那么，在接下来的设计步骤中，我们将试着有目的地展开并整合这些调研结果。

3.1 确定设计主题

设计主题是整个设计项目的灵魂所在，它将为你的服装系列提供明确的指引，包括调研方向、设计定位、市场定位和技术支持等。设计主题具有确定性，是整个项目的核心。

通过阅读上一节的内容我们得知，调研是设计项目展开的第一步，那么有目的地展开调研的前提便是"清晰的设计主题"，调研的过程其实就是"搜集材料→明确主题→继续搜集材料→丰富设计"的过程。设计主题将指导更具体的调研行为，并将基于品牌的设计定位贯穿于整个设计过程。

3.2 明确设计定位

3.2.1 什么是设计定位

设计定位是指品牌在市场调研的搜集、整理、分析的基础上，为目标市场中的消费对象，在特定的时间段内制订有针对性的设计方案（包括款式、结构、风格、功能、面料、工艺等要素的选择），以形成设计目标或设计方向，设计定位是所有设计工作的前提。

简单来说，可以将服装设计定位概括为设计师基于品牌文化、市场环境和消费者的喜好，通过设计手段来决定产品的方向，最终通过服装设计各个要素（款式、面料、色彩、功能）的组合，创造出富有竞争力（新颖的、富有创意的）的产品。

需要注意的是，为了保证品牌自身风格和理念的独特性，设计定位是无法脱离品牌文化而独立存在的。一味地迎合市场和消费者的设计，可能会在短期为品牌带来可观的经济效益，但长此以往，很难保持风格和审美的独特性，而保持品牌形象才是获取长期效益的来源。

3.2.2 设计定位的基本要素

设计定位的三个基本要素是品牌、产品和消费者。经营者需要寻找自身品牌在市场上的恰当位置，并建立其准确的目标市场。

目前的服装品牌通常分为两种模式，大众成衣品牌和独立设计师品牌。不同的品牌运作模式决定着不同的设计内容定位。一般来说，大众品牌的设计定位需要通过市场调研、竞品分析、消费目标分析、细分市场分析、流行时尚信息分析等一系列的定位活动才能找到。而独立设计师品牌最主要的特征是运营全程由设计师主导，消费者所看重的更集中于设计师通过服装所体现的人生哲学或者审美品位，所以这类品牌的设计定位，一定是以设计师为核心的，以设计师内心的审美倾向和设计风格为基调，进行的一系列创作和设计。

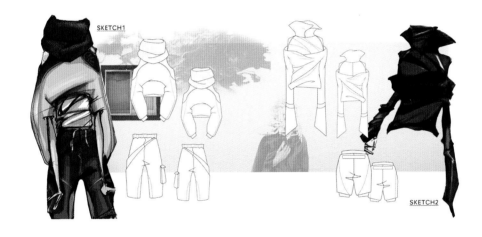

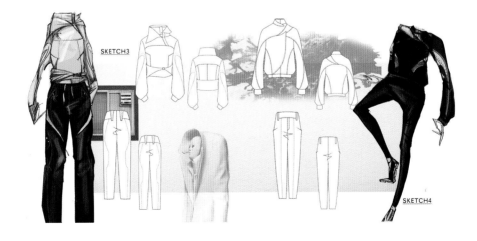

3.3 设计元素提取

在经过了前期调研和收集资料后，是时候将素材提取并转换成属于服装设计的语言了，这是整理调研结果的最后一步，最终将为服装设计图纸服务。

设计师将从设计定位出发，从服装的款式结构、色彩肌理等视觉感受着手，经过发散思维，寻找设计调研资料与服装之间的关联，建立设计概念板。概念板是服装设计师设计理念和设计形式的探索与试验过程的展示，包含所有经过转换的可用于服装设计表现的素材的集合，设计师将以此来向其他人描述并展示自己的设计理念和设计细节。

那么，服装设计师是如何在纷乱的调研资料中提取可用的设计元素的呢？

3.3.1 手绘

手绘是处理一手调研信息最直接的方法，也是快速整合设计元素的理想手段。设计师可以将设计调研中蕴含的造型和形式，通过绘画的形式转化为适用于服装的空间、结构或者廓形元素。此外，手绘所能形成的笔触和肌理也可以在设计中作为面料再造或者原创图案的参考。这是展示设计师设计语言的最简便方法，也将贯穿于整个创作过程。

3.3.2 拼贴

拼贴这种处理设计素材的方式源于拼贴画或拼贴式海报，是将你在调研中获得的不同类型的信息资料拼凑在一起。这些信息可以作为设计师创作思考的索引，也可能是对于不同色彩、结构组合的尝试。拼贴的过程从素材的累积到后续的加工，都时刻伴随着创作者天马行空的想象。

这种处理设计素材的方式总能激发我们对世界源源不断的好奇心，点燃我们的想象力和创作的欲望。

3.3.3 解构

解构，即用分解的观念，将调研中所获得的信息与资料打散、叠加与重组的过程，这种方式将使我们创造出新的构成形式和抽象形态。同时，我们也可以通过解构的方式重构服装本身，将我们熟悉的服装结构以错位、纵横、相贯、穿插、叠加、反转等方式处理，形成新的结构设计的可能性或者某种独特的设计理念。

3.3.4 关联

关联，即将调研资料中能够相互形成联想的元素并置在一起，通过其相似性或对比性寻找一加一大于二的表现形式。这种方式可以帮助你找到抽象元素之间相互关联或者互为补充的设计点。例如，具有未来感的晶体管和海洋中的发光贝壳生物，或者可能会暗示出面料特征的肌理和象征廓形解构的建筑和外观。

通过以上动作，我们已经将设计调研中可用的灵感图像部分整合到了一起。接下来，就需要在将这些图片灵感变成设计图纸之前，进行理性的思考。所以，我们有必要进行相对严谨的设计分析。

服装设计的终点从来都不是完成设计图，它需要能够进行制作、满足消费者的功能需求，乃至穿着后的心理满足感。

　　面对一系列的现实问题，灵感素材似乎就变得无能为力了。分析环节将会为你提炼出系列设计必须考虑的所有关键要素，如造型、色彩、面料、细节、工艺、印花图案和装饰手法。这关乎你所选择的廓形是否能够在三维空间中实现，你所使用的面料是否符合制作成本，你所采用的配色又能否让你的目标客户喜欢等。

4

设计师工作的第三步——展示

在完成上述两步后，就可以开始尽情演绎你的创意了，这个阶段你所有的设计灵感与创作理念将以服装的形式展现。

4.1 服装效果图

服装效果图是服装设计中展现设计理念的重要图纸，同时，对于设计的优化和迭代也起到了非常重要的作用。为了更加全面地体现设计细节，设计师需要借助效果图将想象中的设计形象通过二维空间中的"人"进行表现。

基于以上描述，我们可以看出，除了设计，服装设计师必须掌握两项最基础的技能，一个是具备手绘表现的能力，另一个则是对服装的唯一载体——人体的理解。这一部分，我们会在后面的章节着重讲述。先来说一说服装效果图在不同阶段的表现形式——草图及穿着效果图。

4.1.1 草图

顾名思义，草图主要用于初始化表达设计或造型概念的阶段，其具有可以继续推敲的可能性和不确定性。但即使作为初期效果图无须详细表现，也应该能够表达设计意向和概念，例如廓形、比例、解构、色彩、装饰细节等。

4.1.2 穿着效果图

穿着效果图即穿着于真实人体并能够展示实际着装效果的服装设计图纸，大多时候会被简称为"效果图"，本书中主要指经过草图推敲后，具体表现服装设计特点的图纸。

4.2 款式结构图

款式结构图，也被称为工艺图或解构图，包括正视图和背视图。款式结构图是以平面图形特征表现的，含有细节说明的设计图。相较于效果图，款式结构图在表现比例、解构、细节时更加严谨和准确，能够清晰地展现服装结构细节，如缝线、省道、褶皱、口袋、紧固件和装饰线。

款式图不包含人体、色彩、面料这些形式因素，却可以作为板型设计的直观参考，是更加理性地对效果图进行补充说明的功能性图纸。

4.3 设计说明

设计说明即以文字的形式对设计进行补充说明的附件，用来描述图稿中无法准确传递的设计构思、理念或者细节。设计说明可以向人们介绍你的设计所选择的主题、风格、廓形、色彩、面料、设计手段及原因，想要达成的设计目的。

CHAPTER 03

服装风格分类

工装风格

摇滚朋克风格

运动休闲风格

服装风格是指一件衣服在内容和形式上所表现出来的审美取向、内在品格以及时代基调。阿图尔·叔本华曾说："风格是心灵的外观。"而服装风格也正是身处于不同空间与实践中的一类人群的时代印记。

❶ 工装风格

工装最早产生于 18 世纪的欧洲，是应用于劳工或奴隶工作时的防护性服装，是阶级社会的产物，也是人类社会分工的产物。

第一次工业革命时期，工业化后的企业如雨后春笋般出现，工人数量的增多导致工装的繁盛和流行。当时的工装只是因为环境而产生的一种服装形式，以耐磨、耐用为基础，同时还为抵御户外寒冷的天气加入了原始的保暖设计，具有经久耐用的特点，主要适用人群是体力劳动者。

进入 20 世纪，由于先锋派艺术家受到苏联构成主义与社会意识形态的影响，将工装作为消解社会阶级的着装符号，进一步改良并拥戴工装，使工装打破了工人阶级的单一性符号，并加注了平等化、同一性的意义。

在当代的时装设计中，工装除了保留本源的功能性符号，同时背负着历史进程与社会观念符号的使命，使大量时装设计师不约而同地采用工装元素来表达平等、同一、无差别化的概念意义，工装风格也逐步成为一种特殊的文化含义。也正因为设计师与品牌对工装风格的青睐，完成并满足了工装在流行体系中的审美功能。

工装也因其实用且适应性强的特征，成为一种广受欢迎的热门服装品类，一度在各大时装周的秀场上展现其风采，并且频繁地出现在各大潮流预测网站的趋势报告中，工装风正在席卷整个时尚圈。起初由于高强度的工作需要，工装为保护工人劳动时不受伤害，采用耐磨的单宁、帆布、灯芯绒等布料制作成的工服款式，多口袋的细节设计，方便携带小零件与工具等，诸如此类设计逐渐形成了工装的基本款式样貌。同时，又因工作环境的改变，服装面料也变得轻便，帆布工作裤、工装衬衫等款式也陆续出现。

如今，"时尚工装""新式工装"等名称在各大权威流行趋势预测网站和时装评论中出现得越来越频繁，工装已经不仅限于一种人们工作时的着装品类，而正在迅速地向时尚圈内的潮流单品延伸发展。而工装因其自带的强硬气质和防护性特质，其设计元素在现代服装设计应用中往往是基于中性风格的表现。作为时装设计学习者，需要对各种潮流资讯和风格着装需求高度敏感，并通过流行的外观来理解其内涵，把握不同设计元素的应用。

❷ 摇滚朋克风格

《大英百科全书》中将"摇滚"定义为"诞生于２０世纪５０年代中期的一种音乐形式，随后发展为一种更具包容性的、国际性的风格"。

经过 70 多年的岁月洗礼，"摇滚"所包含的意义早已不仅是一种音乐形式，它作为"反叛"一词的代表，反映了人类最原始也是最真实的生活态度。经过时间的沉淀，摇滚文化建立于大众文化、消费文化、通俗文化，以及当时当地的社会文化背景之中，如今，它已代表着一种生活态度和处世哲学。

摇滚作为一种属于青年人的、令人兴奋的、有着强烈号召力的音乐形式，其摇滚乐手的穿着经常引起青年人的模仿，而且青年人作为服装工业的一个重要消费群体，对于有着摇滚乐元素的服装有着巨大的需求。于是，设计师们不断从历代摇滚乐手的着装中汲取灵感，甚至有时，某一场秀整个Ｔ台上的风格都来源于某一位摇滚乐手的灵感。为博得年轻的消费群的青睐，他们创作出融合摇滚元素或者摇滚风格的服装系列——摇滚Ｔ恤衫、破洞牛仔裤、摇滚夹克等，还有配套的摇滚配饰——摇滚腰链、手链、项链、金属腰带、摇滚背包等。在摇滚乐中，服装和装饰物都被赋予了意义和表现形态。

朋克 (Punk)，最原始的摇滚乐——由一段简单悦耳的主旋律和三个和弦组成。磨出窟窿、画满骷髅和美女的牛仔装，另类迷幻的文身及具有代表性的铆钉，都是其标志性的符号，为朋克一族所追随。

皮革、橡胶、牛仔、针织面料是朋克服装风格中必不可少的组成部分，设计师选择朋克服装同样的面料处理方式，故意将面料撕破、弄脏，别上各式夸张的装饰品。利用不同面料自身的特点，结合服装基本的形式美法则，使这种装饰手法更加有序化。

黑、白、红是朋克风格服装最常用的颜色，经常将一些触目的颜色搭配起来，例如荧光系的粉红、橘黄、青绿就是经常掺杂在一起的颜色，或者在纯黑的皮革上饰以鲜艳刺目的彩色饰物，或者通过布满雀斑的苍白面孔与亮闪闪的金属链子，烘托出极具视觉冲击力的激烈气氛。T恤衫、牛仔裤上往往印有暴力、色情的图案，或者手绘的粗俗口号式的涂鸦文字、骷髅形象等。

谈到朋克服装风格，不能不提起被称作"朋克教母"的维维安·韦斯特伍德，在其他设计师还没有意识到朋克的力量时，她已经成为英伦朋克文化的旗手。

❸ 运动休闲风格

顾名思义，"运动休闲"就是"运动"＋"休闲"，是一种将时尚与功能结合的服装风格。

运动服饰在19世纪后期20世纪初期形成了独立的文化体系，并产生了多种类型的设计。在1928年的西方，"运动风格"的概念开始出现在各种时尚杂志中，以顺应时尚潮流，作为人体美、力量美、精神美等一系列有关美的象征，和一种无所不在的时尚服饰风格一直被人们所追捧。

20世纪80年代后，体育运动不仅出现在体育领域，也逐渐渗透到人们的日常生活中。随着运动服装被人们当作能顺利完成体育锻炼的服装，一些专注于运动服生产的厂商开始参与到时尚流行运动服的设计、制作与生产中。

20世纪初期，全球范围内只有"休闲"这个概念，但是随着近年运动热潮的兴起，运动单品摇身一变成为新一代的时尚潮流符号。那些原本只能在健身房看到的运动风格服装火到了时尚圈，即使没有健身习惯的时髦女孩，也会考虑穿上这种风格的衣服上街。随后，Mix与Match风格在2017年得到了迅猛发展，各种时尚品牌纷纷加入这场混战中，产生了运动与休闲相叠加的混搭风格，即运动休闲风，使时装兼具运动感与休闲感，逐渐形成了全球的时尚。

运动休闲女装呈现高科技化、时装化、多元化的趋势。面料由舒适性向防护性发展，高科技面料层出不穷；色彩的组合更加丰富，注重使用流行色；图案由单调的线条变为多种创意形式，搭配更加灵活；多功能设计是当下时尚设计的热点，为衣服收纳、单品组合等带来更多便利，通常是将功能性附着于领、门襟、袖、口袋、拉链等部位，以适应消费者多样的需求，为服装注入更多的看点。

舒适性、实用性是运动休闲服装需要满足的基本条件，但随着城市运动生活理念的深入，不少品牌致力于打造"全天候"概念，提高服装适应各种运动或非运动场合所展现的防护性能，让女性在闷热的地铁车厢、寒冷的街头等城市中的任何地方都能保持舒适，更好地适应环境变化。

随着新型材料和纺织科技的不断发展，智能织物、纳米织物、超轻面料、微纤维等高科技面料使服装具备抗菌、恒温、抗紫外线等功能，也为运动休闲服装带来了卓越的功能性和新鲜感。

❹ 军装风格

军装元素的流行不仅体现在实用和功能上，更体现于风格交融的精神内涵和象征意义上。而在后现代主义文化思潮的影响下，这种军装风格进一步体现了各种风格水乳交融的风格模糊性、折中性。在后现代主义的时代背景下，军装风格服装有了全新的样貌，而其对于时尚趋势的影响也有了全新的解读。

军装风格能够得到大多数人的认可，并为之效仿，不仅是自身美观得体、实用精干，而且还体现了某种备受推崇的价值观念。这种观念与不同地域、不同时代的人们的生活方式和审美追求、社会政治、经济状况和文化背景对服装的影响始终联系在一起，军装风格已成为影响现代服装主要的因素之一。

军装风格服装的外部造型强调硬朗明快，线条挺拔干练，多以直线为主，肩部宽平，使整体呈现 H 形、T 形等适合行动的廓形。另外，女装中也有收腰的 X 形结构，为硬朗的军装女性形象加入性感的成分。

军服的色彩基本上都包含在绿色系、迷彩色系、蓝色系和白色系中。传统军装面料注重高性能、多用途，体现极强的适应户外战争条件的需要，军装风格服装体现面料选择的多元化，既有常规的卡其、迷彩面料，也有符合现代设计理念的针织、雪纺，以及各类涂层面料，甚至采用丝绸、毛皮、缎纹面料等。

此外，双排扣的门襟、有袋盖的多口袋、绳带元素也经常出现在这一风格设计中。铆钉、肩章、祥带等有浓厚军旅气息的经典军装装饰性元素，也都是军装风格服装重要的设计元素。

❺ 民族风

民族风的服装是指构思和灵感来源于世界各民族的服饰文化，取材不仅限于单纯的服装实体，而是包括外在造型和内在精神的民族服装的方方面面，民族也是一种宽泛的定义，包括历史上出现过的所有民族。

至今，有 2000 多个不同的民族分布在世界的各个角落。而民族之间由于地理位置、气候条件、经济状况的不同，导致民族之间的文化差异甚大，这同样也体现在各民族的服饰上。同时，这也为如今的设计师与高级时装提供了无穷无尽的灵感。

如波希米亚服饰中层叠的蕾丝、皮质流苏、手工细绳结、蜡染印花、刺绣、珠串和粗犷厚重的面料；非洲土著民族的服饰中神秘的元素、原始的异域感、图腾印花、蜡染、动物毛皮、牙状项链、加大码的手镯等，都成了无数设计师的灵感源泉。

民族风是一个十分广泛的概念。不同的时代、不同的地区有着不同文化背景的民族，所以民族文化的表现也是丰富多彩的。从广义上看，民族风是以民族文化为基础所形成的独特艺术传统。设计师可以将这些独特的文化和民族表现作为创作的灵感，将这些元素提炼升华，融入当代服装设计的审美规范中；从狭义上看，民族风也可以指一定区域或者国家的民族表现。

❻ 中国风

中国风在文艺复兴之后即在欧洲艺术领域出现。

中国风服装本身源自于对传统文化的传承与创造。中国风应用于服装设计，使大众能够通过服装来了解中国，了解更多的中国传统文化、民族文化，对文化传承的意义重大。

早在11世纪，中国风就在欧洲开始流行，龙、麒麟、凤凰都因浓郁的异域情调而别具魅力。

在现代服装元素设计中，中国风应用主要涉及两个元素——视觉元素和精神元素。视觉元素本身指的是视觉完全可见，具有形象化特征且能够被感知的元素，是经时间历练形成的符号化元素。上述元素能够直接应用于现代服装元素设计，充分利用这些元素的表现形式，包括工艺表达、图案点缀、材质变化和色彩搭配等，将中国风元素充分表达出来；精神元素主要指服装元素中蕴藏文化内涵、精神韵味，本身是无形的，可以视作一种意境的展示。对于服装设计师来说，要想将中国风元素融入服装设计，本身需要具备深厚的传统文化底蕴，同时具备将其转变为服装元素设计语言的能力。

❼ 哥特风

"哥特式"一词最早是文艺复兴时期用来区分中世纪艺术风格的，指诞生于12世纪中后期至15世纪的欧洲，出现的一种以建筑、雕塑、绘画、文学等文化现象，并普及整个欧洲的一种国际化的艺术样式。

从 20 世纪 70 年代末开始的哥特摇滚乐队成员穿着，是影响现代哥特风服饰特征的重要因素之一。但也由于个人喜好，外观上会有些许不同。我们可以以哥特摇滚成员所穿着的服饰为基础，将现代哥特风服饰主要划分为暗黑色彩、蕾丝镂空、捆绑束腰、复杂褶皱与简约线条五个特征。

随着时代审美的变迁，哥特风在中世纪服装的特点中也融入了很多新鲜的时尚元素和概念，例如 Punk 风格的苏格兰格纹元素、Lolilta 风格的淑女元素等。哥特风的服装对细节有着细腻的处理，例如利用蕾丝叠加而成的镂空效果，又或者褶皱堆砌出的视觉冲击等。当今的哥特风服装已经演变成了具有实用性、时尚感以及非舞台夸张效果的服装，强调的只是一种哥特式的神秘感。

❽ 学院风

学院风所包含的是一种生活方式，其中也涵盖了穿着方式，逐渐形成了一种自己特有的风格和穿衣形式。学院风的流行必然有推动的因素，也有着自身优越风格的吸引力。在这些推动因素中，电影起到了重要作用，例如《哈利·波特》中的赫敏式、《成长教育》中的珍妮式，都是非常传统的英伦学院风的正规模式。

英伦学院风最早源于英国剑桥大学的学生、教授的着装，他们的服装既要求符合学生的身份，又必须拥有贵族的排场；在服装的设计上，既要适合年轻人运动时尚的天性，又要符合学院严肃严谨的氛围；在感觉上，既表达了时尚休闲，又很讲究，简洁高贵。英伦学院风主要可以划分为年轻人穿着的英伦风和英伦复古风。英伦风最明显的特征是在左胸有学院徽章，这个徽章一般是领主徽章、家族徽章，或者由国王所赐的徽章。而复古风则多在服饰上采用英国宫廷礼服元素。

随着时间的推移和人们思想的改变，加之时代潮流的影响，现在的英伦风更是直接将时尚元素与制式相结合并进行混搭。然而，其中的英伦绅士风主要就男装而言，其最主要的特点是考究的裁剪和布料，细节修饰上的奢华，符合绅士的情趣与追求。逐渐演变至现代的设计上，则开始追求简练，依然给人低调而奢华的感觉。

英伦风校服很传统，很保守，也很端庄，不像巴黎、米兰和纽约这么性感，它的主色调大多为纯黑、纯白、殷红、藏蓝等较为沉稳的颜色，有的还会配以少量黄绿色系作为佐色。在图案花型方面，英伦校园风主要以条纹和方格为主，比较常见的有黑蓝条纹、黑红条纹、蓝底红格、蓝绿底红格等，黑白两色通常作为边缘装饰色出现，整体风格古典、优雅而沉稳，充满学院派气息。在时装界，英伦校园风也是颇受设计师和消费者喜爱的设计风格，常用于体现轻松休闲、青春活力，同时又不乏沉稳、复古气息的个性。常见的材质面料包括毛呢、精纺棉、绒线等。

❾ 古希腊风

古希腊的服饰很好地体现了古希腊文明，简洁的款式没有任何过多的修饰，无须以华丽和复杂来表现某种权威性。服饰趋于单一化，男女服饰没有严格区别，以最自然形态包裹身体，一块单纯、朴素的长方形布料，不经任何裁剪就在身上披挂、缠裹或系托固定，从而塑造具有优美的悬垂波浪褶饰的宽松型服装形态。

在衣褶的流动中，勾勒出人体的每一个细微变化和动态形象，含蓄而耐人寻味，让你亲近得无拘无束，充分展示了古希腊人的高贵气质及潇洒风度，体现了人类服饰的原始性和朴素的审美意识，是最本质、最自然的状态，有效利用了布料的特性，身体也处于最自然的状态，布料与身体、主体与客体、形式与精神都取得了高度的协调。古希腊服装是一种理性精神的完美体现，来自一种静态的几何抽象思维——平衡、对称、庄严、有序、宁静，追求超凡脱俗、博大精深的精神世界，高贵而单纯，静穆而伟大。

随着时代的发展，时尚在不断演变的过程中也将古希腊风融入其中，古希腊服装风格和元素的回潮一直都没有停止过。长裙、褶皱、垂坠、捆扎、几何植物和昆虫图案已经成了古希腊风的代名词。古希腊风也成了最能表现女性庄重、优雅气质的服装风格之一。

❿ 极简主义

极简主义又称"极少主义"，最早于 20 世纪 60 年代的西方开始流行，它提倡简单、清新、单纯的构思设计，是一种反对装饰主义，追求简约的艺术理念。于思想上，极简主义风格受著名设计师密斯·凡德罗提出的"少即是多"理论的影响，追求的是一种轻松舒适的状态；于形式上，极简主义风格追求理性、高雅、返璞归真，与当下人们对人生本质的追求相协调；于内容上，极简主义首先出现在绘画、雕塑、建筑等领域，倡导用简洁的设计元素和极少的色彩来表现艺术作品，其简约的风格延伸、渗透并影响工业设计、环境设计、产品设计、服装设计等各个领域，极简主义艺术被设计师们广泛接受并运用，促进了现代艺术设计的发展。

极简主义作为当代服装设计风格的重要分支，在服装整体设计方面对设计师提出了更高

的要求。简约主义设计理念并不是缺乏设计要素，而是一种更高层次的设计境界。在设计上更加强调以人为本的功能效用，强调结构和形式的完美统一，更加追求造型、面料、色彩、结构、制作工艺的表现深度与精确性，重视设计的科学性和系统性。推崇极简主义风格的设计师认为人体是最好的廓形，不需要再进行加工或者装饰，应该摒弃一切对服装的装饰与繁复的设计。与此同时，在与服装相关要素的设计方面也力求简洁，在面料的选择上不轻易采用三种以上不同质地的面料进行组合设计，注重面料本身的肌理和质地运用，崇尚高品质。如果面料本身的肌理足够新颖，那就不用再加以印花、刺绣等装饰；如果面料的图案很美，那就不会轻易用分割、打褶、收省、镶滚等设计手法破坏它的美感。在色彩设计方面，高度提炼色彩搭配，较少运用对比色，多运用单色或邻近色等和谐色表现极简主义风格的实质。

⑪ 解构主义

　　20世纪80年代，解构主义设计作为后现代设计中的一种现象，真正被应用到艺术设计领域。解构主义设计师从德里达解构主义哲学的理论中得到启发，对以往居于主导地位的现代主义设计进行解构，从而设计出极富个性化的新作品，给人们带来了耳目一新的视觉感受。解构主义有关"结构—解构—重构"的理论，对设计领域具有重要的启发和指导意义。

　　解构作为重要的设计手段，是创造性思维的表达方式，是服装设计中表现独特设计风格的重要手法，因此被服装设计师们广泛接纳和吸收，并运用到自己的服装作品中。

　　解构主义将不同类型的元素打散、重组，再以全新的形象出现。给人以意料之外又情理之中的感受，体现了服装设计的原创性和震撼性。

　　解构主义在服装设计中的应用表现在设计方法上，则是基于服装设计的三大要素进行解构的，即对服装结构、面料和色彩的解构。对于服装结构的解构主要通过破坏服装的正常比例、不对称设计、嫁接、错位以及堆积等手段实现。服装面料的解构则主要通过创造性的面料拼接、面料的解构再造，以及对非服装用材质的运用来实现；对服装色彩的解构，则主要涉及对服装的色彩解构、服装的图案解构两个方面。

20 世纪后期，解构主义对艺术设计领域的影响极其广泛，国外出现了很多解构主义服装设计大师，并且形成自己独特的解构主义风格。这些著名的解构服装设计大师包括比利时设计师马森·马丁·马吉拉，英国设计师侯赛因·查拉扬，被誉为"面料魔术师"的日本设计师三宅一生、山本耀司和川久保玲等。

⑫ 未来主义

未来主义诞生于 20 世纪 60 年代，服装未来主义风格在太空探索计划这种社会大趋势下应运而生并迅速发展。法国设计师安德烈·库雷热从人类第一次登月中获得灵感，一系列太空元素的服装由此诞生，此后以太空、宇航为主题的未来主义风格服饰逐渐发展。

几何形剪裁、夸张的配饰等使充满神秘感和未来感的服装进入人们的视野，越来越多的富有金属光泽的面料、皮革等都运用到了服装中，表现出服装界前所未有的革新。

未来主义风格服装在时代发展的簇拥下，还演变出了多种风格，例如宇宙风格、概念风格、优雅风格、休闲风格等，既传承了未来主义新思潮，又顺应了时代发展趋势。未来主义号召人们废除传统暗淡的色彩、呆板的线条，运用更多鲜明的色彩和动感的廓形来制作富有新鲜感的服饰。

如今随着科技的进步和社会的发展，环保、健康、娱乐等都成了人们对未来主义服装的考量范围，使一些可降解材质、环保材质、运用高科技生产出的面料开始成为现代未来主义服饰的生力军。

CHAPTER 04

服装效果图手绘实操

服装手绘基础

服装效果图中的人体及头部

服装效果图手绘基础

服装手绘是实现设计的第一步。 从平面效果图到三维成品，服装手绘帮助设计师传递其天赋和情感。这是设计师的抽象思维 、理念 、计划转化成具象图形的徒手绘制的方式。

初学者在学习服装手绘时，可以逐一对人体、头部、款式、色彩表现进行练习，这也正是我们绘制效果图的基本步骤。

1.1 什么是服装手绘效果图

服装设计始于服装手绘效果图。服装手绘效果图由略微夸张、理想化和风格化的人物形象（男性或女性），以及穿着衣服和配饰的时尚形象组成。

服装手绘效果图作为服装设计最初的表现形式，反映了服装的款式、面料、结构、功能、风格等诸多设计元素，这些元素共同体现着人们对于衣服的穿着需求。

绘制服装效果图的目的是沟通，服装设计师使用效果图来呈现自己的设计，并向重要的人（客户、生产商）传达其创意。所以，服装手绘效果图应该包括严谨的款式结构、明确的设计重点、清晰的层次与合理的配色，甚至细致的面料肌理都要表现清楚。除此之外，作为一件衣服自然是离不开人穿着的，所以在服装效果图中，我们还需要一个富有张力并相对写实的人体来作为衣服的表现载体。

1.2 服装手绘的工具

1.2.1 彩色铅笔

彩色铅笔，简称"彩铅"，是用彩色颜料制作的绘图铅笔，具有丰富的色彩效果和肌理感。因其笔触细腻、过渡自然、叠色柔和、层次丰富、可控性强，并且能用橡皮修改的特点，是初学者经常使用且容易上手的绘画工具。

彩色铅笔包括不同材质的笔芯，可以采用不同的表现方式和使用方法，需要根据所要表现的内容和要达到的效果进行选择。

（1）普通绘图铅笔

绘图铅笔有不同的规格，可以有不同的线条粗细或浓淡效果，多用于线稿起形和建立大的素描关系（体积、空间）。

（2）水溶性彩铅

水溶性彩铅是比较常用的彩铅种类，其芯质相对较软，具有溶水性，所以通过晕染可以实现水彩般透明的效果。

（3）油性彩铅

油性彩铅的芯质接近蜡笔，色彩鲜艳丰富，线条细腻，且有独特的肌理效果，但不适合叠色。油性彩铅不溶于水，也不易被擦除。

（4）色粉彩铅

色粉彩铅的笔芯为粉质，质地较软，容易弄脏画面，多用于铺色和渲染氛围。色粉彩铅的覆盖性强，带有粉质的颗粒感，不溶于水。

1.2.2 水彩及辅助工具

（1）水彩颜料

水彩颜料即我们常说的水彩，其色彩明快鲜亮，容易调和，带有水的流动性。通过控制调水量，还可以形成丰富的层次及晕染效果。

（2）水彩纸

水彩纸是一种较厚、吸水性能较强的纸，因水彩颜料的性质，致使水彩纸具备不易因重复涂抹而破裂或起球的特点。常见的水彩纸有适用于干画法的木浆纤维水彩纸，以及吸水性强的棉浆纤维水彩纸。在选择时还需要根据预期的画面效果以及习惯的表现技法选择不同纹路粗细的水彩纸。

（3）水彩笔刷

水彩笔具有丰富的笔刷形状，以适合表现多种线条或笔触，既可以大面积铺色又可以绘制细节。圆头水彩笔更为常用，其笔刷呈倒水滴形，可用侧锋铺色、中锋控形、笔尖勾线。此外，还有专为表现笔触而设计的猫舌笔、刀锋笔、平头笔等。水彩笔笔刷的软硬程度决定了笔的特性，笔刷越硬，蓄水越少，且笔触越明显。

（4）辅助工具

水彩颜料因其通透的色彩效果，可以配合彩铅、勾线笔、色粉或马克笔来辅助绘制。需要对复杂图形进行留白时，还可以选择留白液辅助表现。

1.2.3 马克笔及辅助工具

（1）马克笔

马克笔是设计手绘时最常用的快速表现工具，常见细头、软头和粗头三种。马克笔可分为油性（酒精）马克笔和水性马克笔。水性马克笔能像水彩颜料一样加水晕染，色彩通透；

油性马克笔的笔迹干燥速度快且不易掉色，有清晰的笔触感，色彩鲜艳，渗透性和着色力都很好，叠加颜色时会呈现丰富的效果。服装设计手绘中常用油性（酒精）马克笔。

（2）马克笔专用纸

马克笔专用纸的纸面平滑光亮、无纹理，适合用马克笔平铺、重叠、晕染过渡，纸质比普通纸张更具韧性，颜色不易扩散，能更好地配合马克笔绘画技法的表现。此外，克重较大且颗粒感较少的素描纸同样适合用马克笔作画，而且这类纸的吸水性能够让笔触的叠加效果更加柔和。

（3）勾线笔

顾名思义，勾线笔主要用来勾勒轮廓、强调结构转折和描绘细节。按笔尖材质主要分为针管勾线笔、纤维勾线笔和书法笔（小楷笔、秀丽笔），粗细为 0.05~3.0mm。此外，纤维勾线笔还有丰富的色彩可供选择。

（4）高光笔

高光笔是提高画面局部亮度的工具，覆盖力强，可用来增强光影效果。

2

服装效果图中的人体及头部

2.1 服装效果图中的人体

　　服装效果图中的人体有别于写实画中的人体，它是在写实人体的基础上经过夸张、提炼和升华的"8头半身"或更长一些的人体，属于理想人体。理想人体往往以肚脐为分割点，确定下半部与上半部的比例关系，一般为 8：5。在画服装人体时，一般采用的比例为 9~10 个头长。当然，这是相对比较写实的风格，这种比例更多地被商业时装设计所采用，还有比例更夸张的装饰风格，多用于时装广告或时尚插图。

男装人体可以参照女装人体表现，不过需要明确其和女装人体的细节差异——宽肩蜂腰的躯干造型、弱化的胸腰及腰臀差量、腰线下降处理、腿部肌肉型的塑造、走姿中的变化等。

画站立状态下的无动态人体相对比较简单，在画的时候一定要找到重心线，在静止站立时垂直贯穿人体的中心线为重心线。人体的重心垂直落在腿的支点上，双腿支撑时平均受力，则落在两脚之间；不平均受力时，重心向主要受力方偏移，重心穿过受力的腿。

在表现动态时，把握好肩、臀的动态线，即可轻松、自如地塑造出美妙的人体姿态。

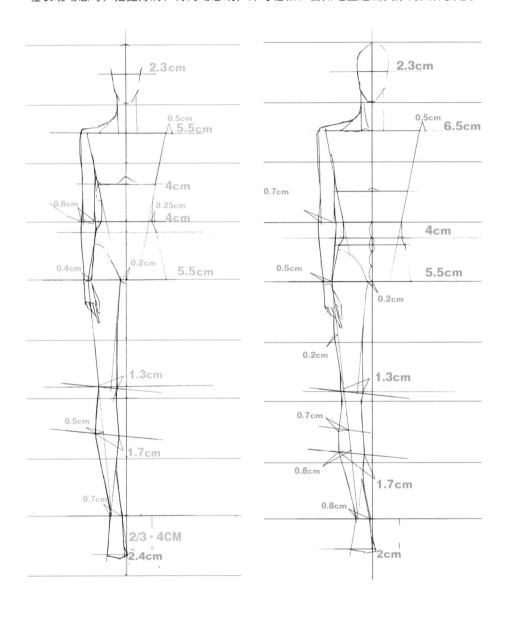

2.1.1 正面站立无动态女装人体

正面站立无动态女装人体的绘制流程如下。

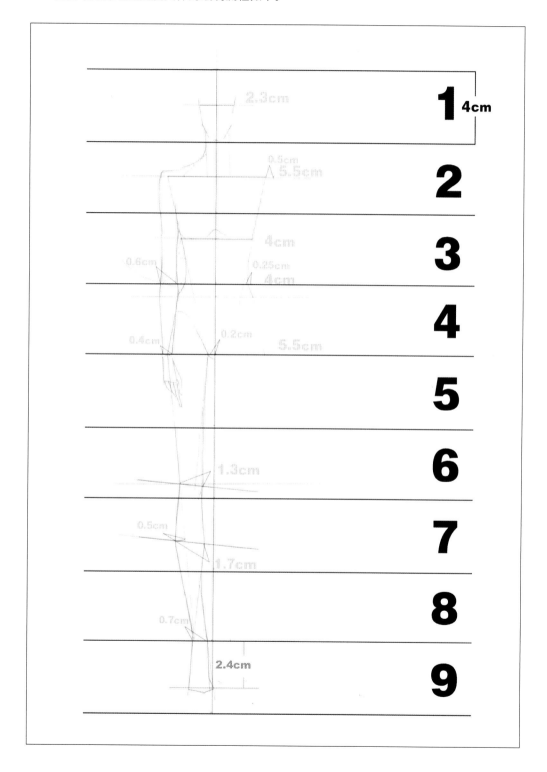

STEP01　确定9头身的头身比例，每个头长为4cm。

- 9头身的人体比例可以增强服装表现效果，又不会使所表现的款式失真，故而在效果图中，人体常以该比例出现。

- 考试用纸张为A3或8开大小，4cm的头长可以使画面更加饱满，且便于排版。在8开大小的纸张中可以适当调小头长（3.5cm）。

- 在绘制人体时，会涉及两条关键的线，分别为重心线及动态线，它们决定了人体能否站立稳定或者活动稳定。

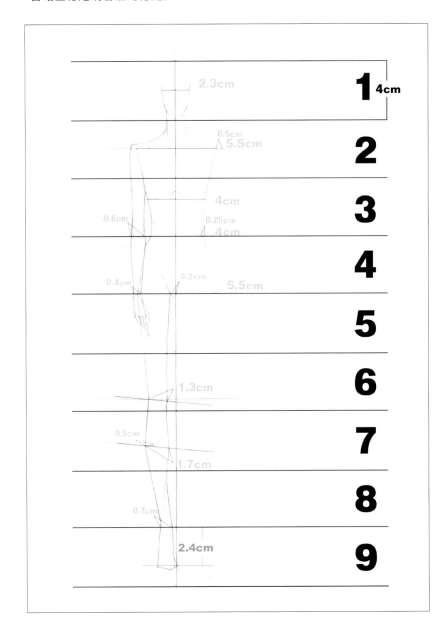

STEP02 确定腔体位置及宽度。

- 分别找到肩线/胸腔下围线、腰线/盆腔下围线,并且在这些线上量取宽度,以确定腔体。

- 此处处理的正面站立人体中不包含透视关系,所以,腔体的宽度平均分布在重心线两端。

- 还记得前文提到的两条重要的直线吗?它们在没有动态的人体中完全重合,是通过重心线表现出来的。

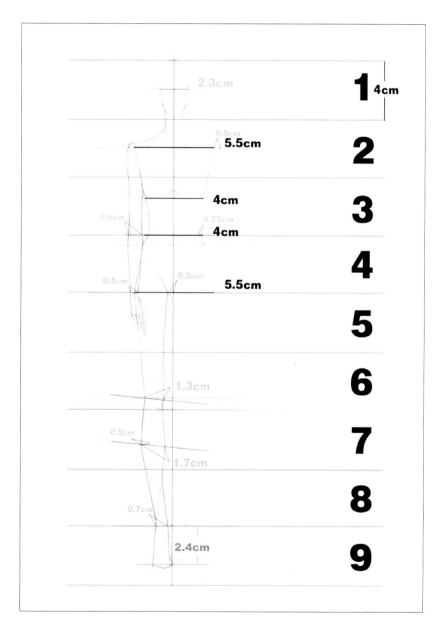

服装效果图手绘实操

STEP03 确定腿部关节位置及腿型。

- 找到腿部关节的位置，并将小腿比例拉长，关节处的辅助线与盆腔下围线平行，这一点在带有动态的人体中体现得较为明显。

- 找到腿部的位置，它是连接脚踝和盆腔的直线。

- 确定关节部位的宽度后，处理腿部肌肉的弧线，所有弧线都是由两条或者多条直线切割而成的。

- 脚的长度取决于由鞋跟高低所形成的透视关系。

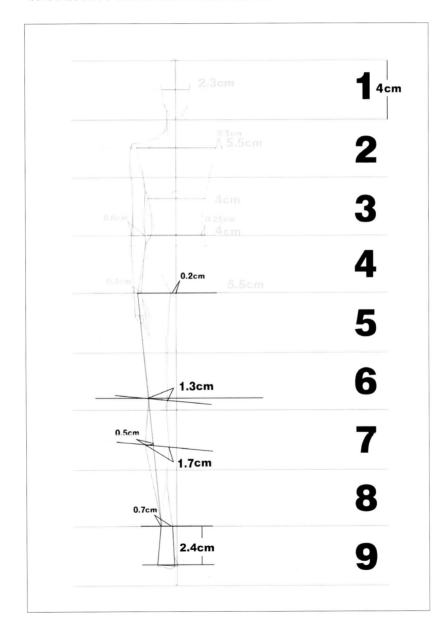

STEP04 调整躯干轮廓并确定头、肩的位置。

- 调整肩部及腰部的宽度，并在盆腔的辅助梯形中找到胯骨的骨点。

- 头的长宽比例是在重心线及眼睛所在的辅助线上找到的。

- 脖颈插入胸腔中，但要在脖颈和肩线中加入肌肉型，同样是通过直线穿插的方法得到的。

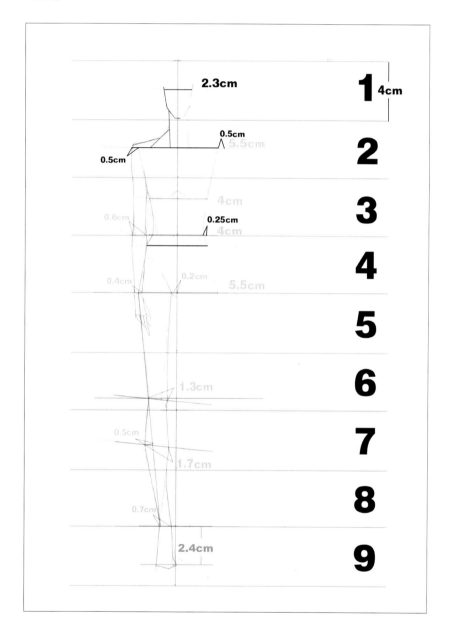

服装效果图手绘实操

STEP05　确定手臂关节的位置及形状。

- 确定手臂时，同样需要找到关节的位置。

- 找到肘关节处手臂最宽的位置，处理大臂和小臂之间的穿插关系。

- 将手掌和手指分别概括为梯形，并完成手指细节的处理。

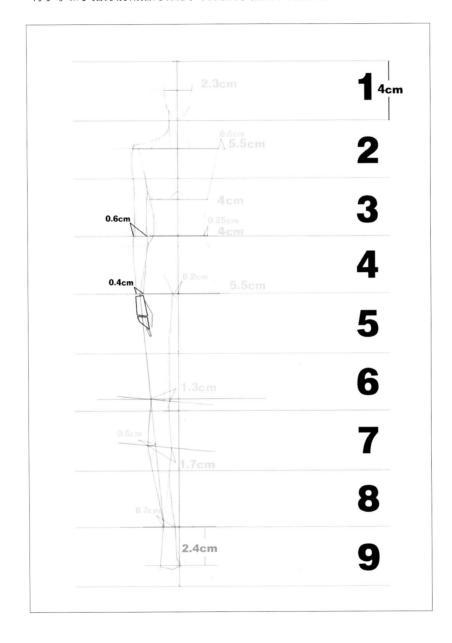

2.1.2 正面站立无动态男装人体

正面站立无动态男装人体的绘制流程如下。

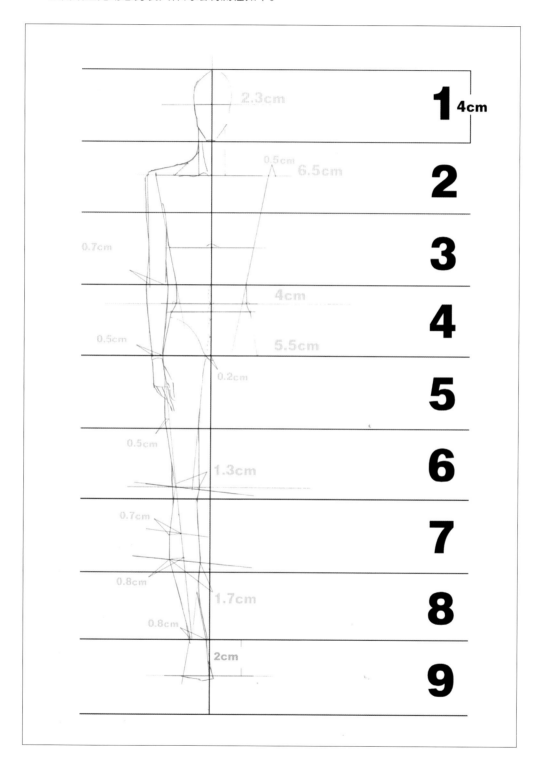

STEP01 确定9头身的头身比例，每个头长为4cm。

- 男装人体与女装人体表现一致，为了增强服装表现效果，又不会使所表现的款式失真，在男装人体中仍然选择9头身的比例分割。

- 考试用纸张为A3或8开大小，4cm的头长可以使画面更加饱满，且便于排版。在8开大小的纸张中可以适当调小头长（3.5cm）。

- 在人体的绘制中涉及两条关键的线，分别为重心线以及动态线，它们决定了人体是否能够站立稳定或者活动稳定。

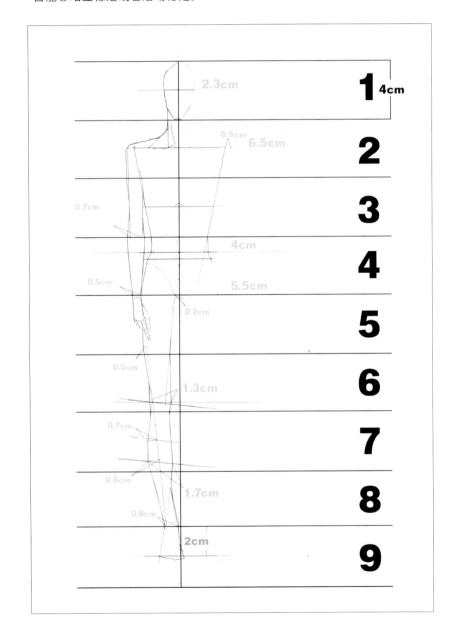

STEP02 确定腔体位置及形状。

- 分别找到了肩线/胸腔下围线、腰线/盆腔下围线，并且在这些线上量取宽度以确定腔体（胸腔下围辅助线上没有进行取值）。

- 为了突出男性躯干的特征，除了加宽肩部，还要将腰线下移，塑造出腰面并将盆腔纵向维度缩短。

- 因为人体没有动作，所以动态线仍然和重心线重合。

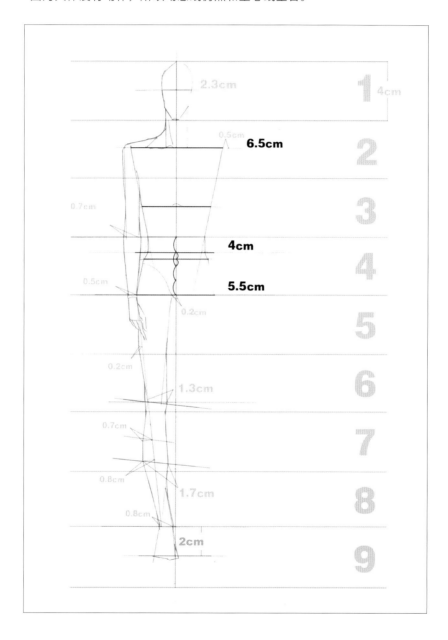

STEP03 确定腿部关节的位置及腿型。

- 找到腿部辅助线的位置，它是连接脚踝和盆腔的直线。
- 找到腿部关节的位置，并将小腿比例拉长，与女体腿部相比，男性的小腿比例不能过长。
- 在确定好关节部位的宽度后，需要在大腿外侧、内侧，小腿外侧、内侧，膝盖外侧转折处确定明显的肌肉厚度和形状。
- 脚的长短取决于鞋跟高低所形成的透视关系。

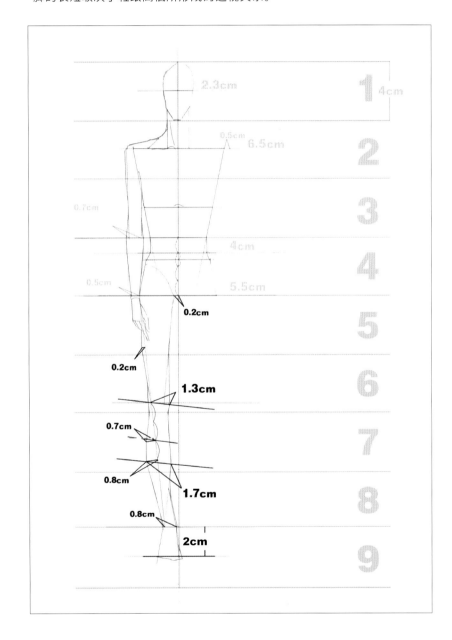

STEP04 确定头部形状及肩部肌肉。

- 头的长宽比例是在重心线及眼睛所在的辅助线上找出来的，男女的头部比例相同，仅通过脸型及脖颈的宽度来寻找差别。

- 脖颈是插入胸腔中的，确定肩头的宽度，在脖颈和肩线中通过直线穿插的方式加入肌肉型，肩头可以稍做提升。

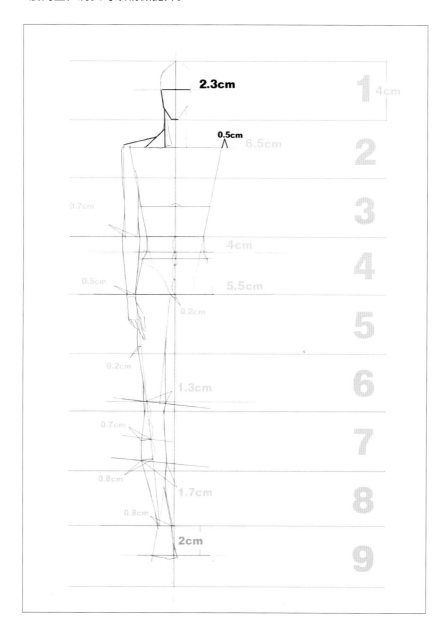

STEP05 确定手臂关节的位置及形状。

- 找到手臂关节的位置。

- 找到肘关节手臂最宽的位置，并处理大臂和小臂之间的穿插关系。

- 将手掌和手指分别概括为梯形，并完成手指细节的处理。

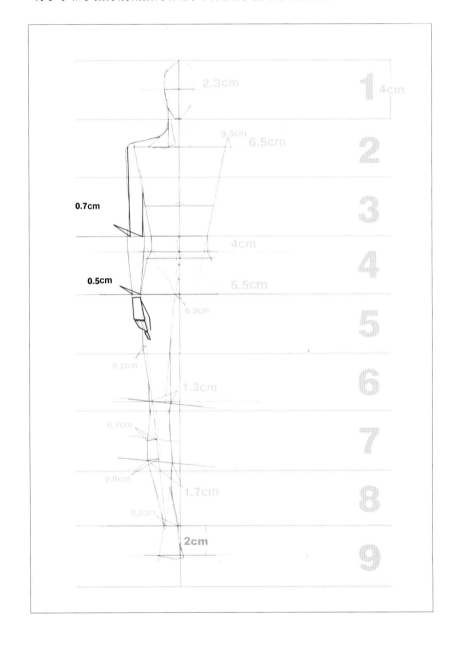

2.1.3 走姿动态的人体

在绘制带有动态的人体时，需要结合无动态人体进行理解。方法其实并没有太大的区别，只是增加了重心线以外的动态线，以及完全受力和完全不受力的两条腿。

与站立状态的人体相同，需要先画出重心线，再进行头身比例分割，最终确定纵向上的位置关系。

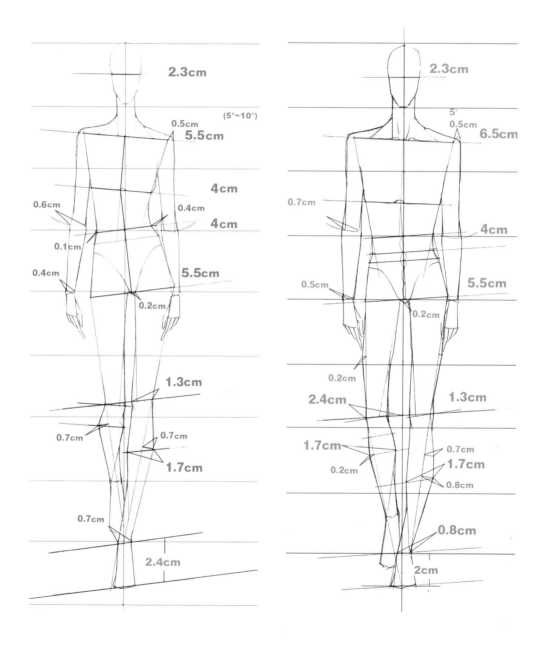

（1）正面走姿动态女性人体绘制流程

正面走姿动态女性人体的绘制流程如下。

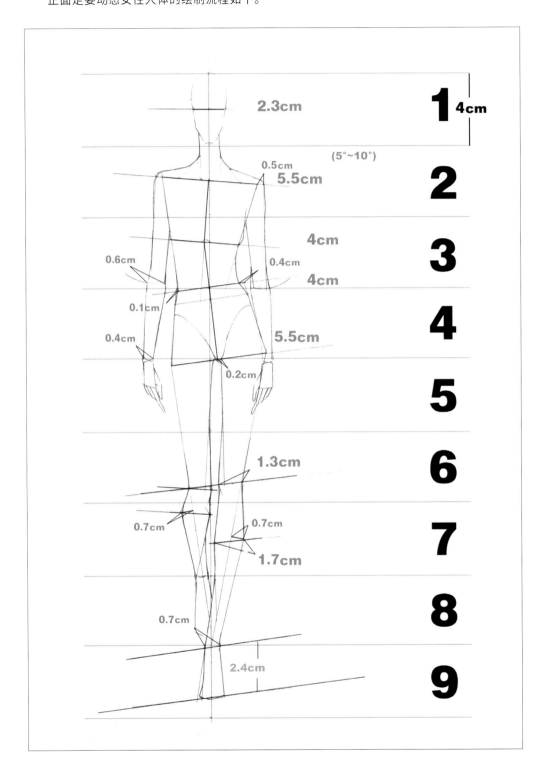

STEP01　确定头身比例并寻找躯干动态。

- 行走中的人体动态，因为躯干发生扭动，所以身体的中线也发生了偏移，形成了扭动的动态线。

- 因为走动时人体平衡的需求，肩部和胯部分别扭向相反的方向，胯部斜度可以稍大于肩部，以形成更大的动势。

- 人体的中心已经由原来站立时的重心线变为动态线，所以量取躯干宽度时，需要以动态线为中心。

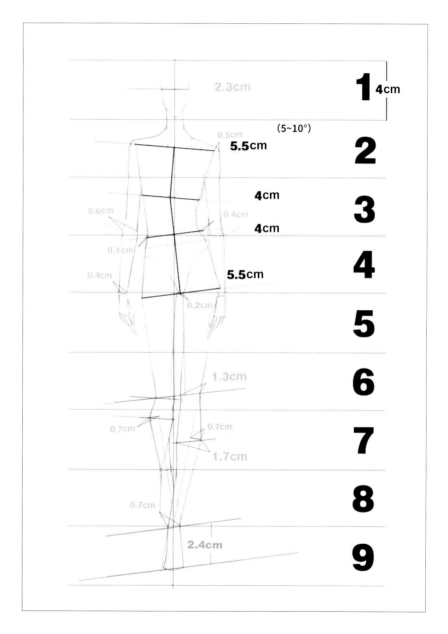

STEP02 确定重心腿的位置及腿型。

- 在女性走姿动态中，重心腿的稳定性至关重要，解决的办法是将脚踝的中心点放置在重心线上。

- 腿型的寻找方法与站立人体相同，在小腿弧度处理上，要注意与站立人体的细微差别。

- 膝关节的位置随着胯部扭动发生偏移，并且平行于盆腔下围线。

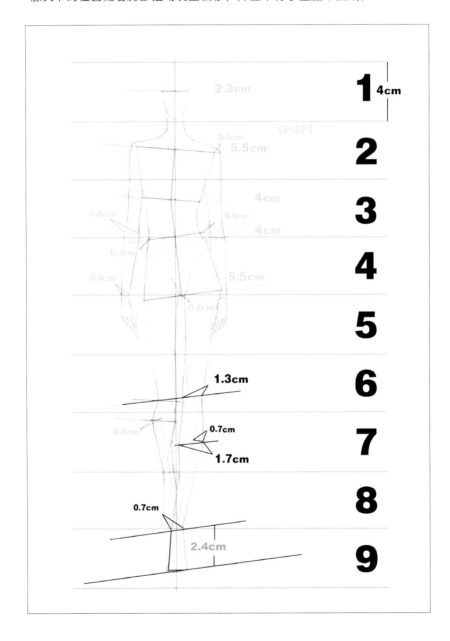

STEP03 确定非重心腿的位置及腿型。

- 非重心腿处于向前抬起的动势中，小腿处于后方，故存在透视关系，而且表现在小腿外侧弧度及其长度上。
- 确定非重心腿的位置时，辅助线越靠近内侧，动势越大，但要注意与躯干部位动势的协调性。

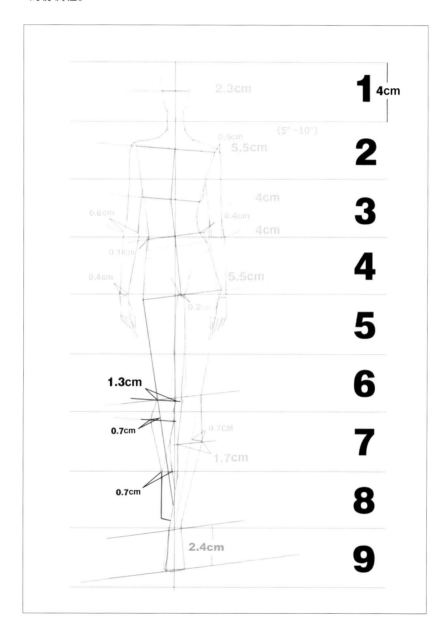

STEP04 调整躯干轮廓并确定头、肩的位置。

- 在腰部收量时，考虑到提胯及降胯时对腔体的挤压，所以在左右两侧减量时要有所变化。

- 处理头部与肩部的方法与站立状态下的人体一致。

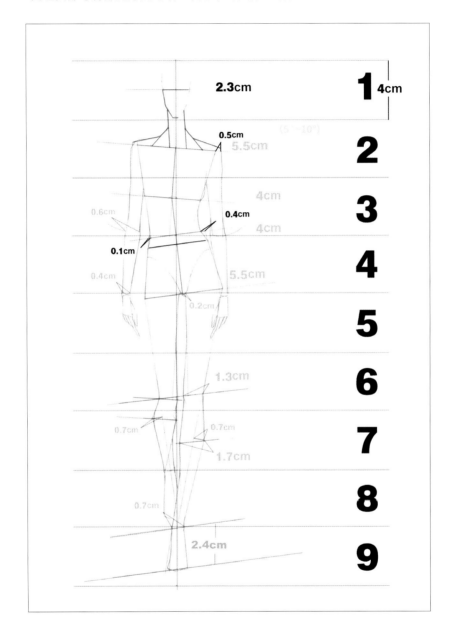

STEP05 确定手臂关节的位置及形状。

- 走动中的手臂需要注意其摆动时的前后关系。
- 各关节所在的位置需要参照肩头的位置重新选取，关节位置随肩部偏移发生变化，要符合整体走动的姿态。

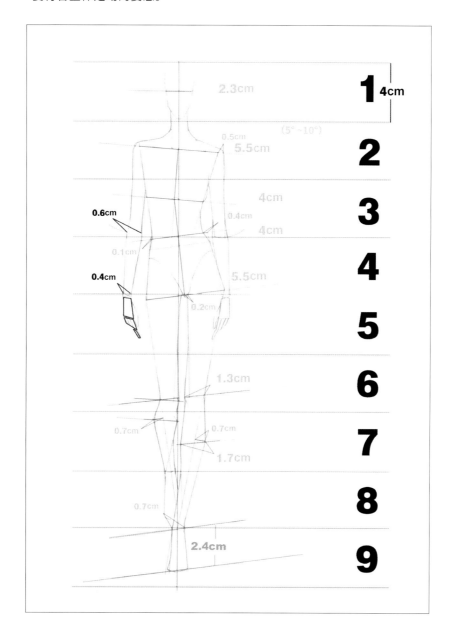

服装效果图手绘实操

（2）正面走姿动态男性人体绘制流程

正面走姿动态男性人体的绘制流程如下。

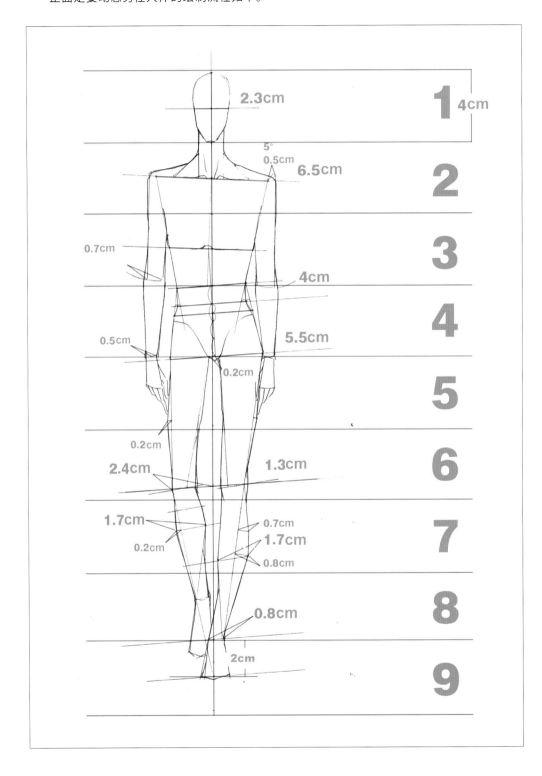

STEP01 确定头身比例并寻找躯干动态。

- 行走中的人体动态，因为躯干发生扭动所以身体的中线也发生了变化，形成了扭动的动态线。

- 男性人体的动势需要稍弱于女性人体，也就是肩部和胯部的斜度要相对变小。

- 此时，动态线出现，男性人体的中线已经由重心线转移到了动态线上。

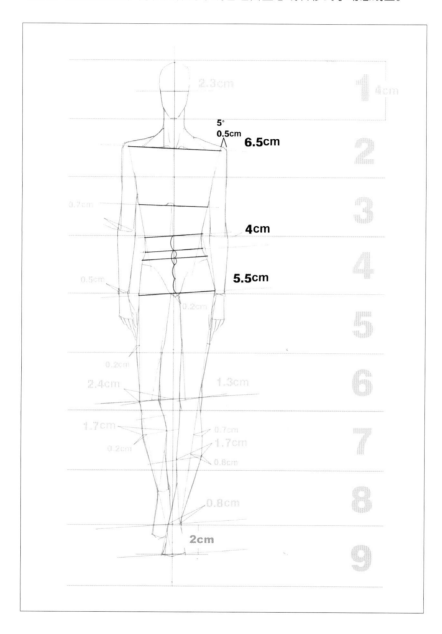

STEP02 确定重心腿的位置及腿型。

- 男性走姿动态中，重心腿脚踝的中点不需要完全落在重心线上，这取决于男性和女性模特在T台上走动方式的不同。

- 膝关节位置随着胯部扭动发生偏移，并且平行于盆腔下围线。

- 腿型的寻找方法同站立人体。

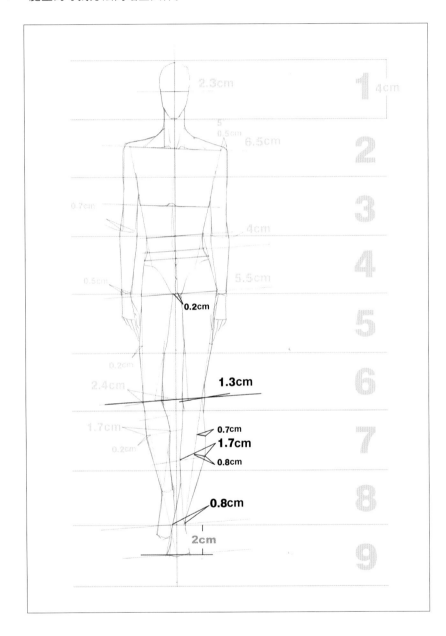

STEP03 确定非重心腿的位置及腿型。

- 非重心腿选择的是处于向前抬起，并向外踢出的动势，所以在寻找膝关节鼓点与小腿弧度时，需要与重心腿有所区别。

- 与女性人体相反，确定非重心腿的位置时，辅助线越靠近外侧，动势越大，但同样要注意与躯干部位动势相协调。

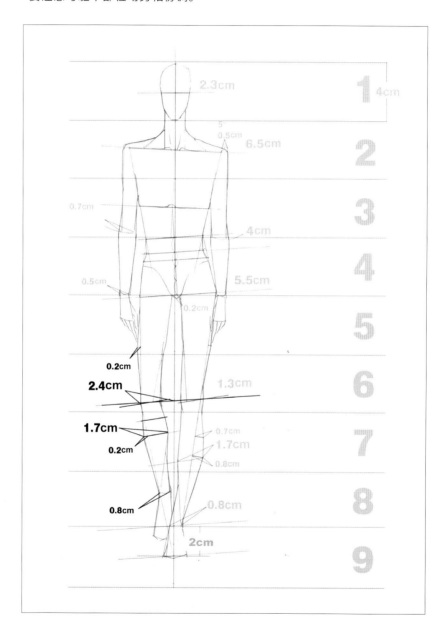

STEP04 确定头部、肩部肌肉及手臂形状。

- 头部与肩部的处理方法与站立状态的人体一致。
- 走动中的手臂，需要注意其摆动时的前后关系。
- 各关节所在的位置需要参照肩头位置重新选取，以符合整体走动的形态。

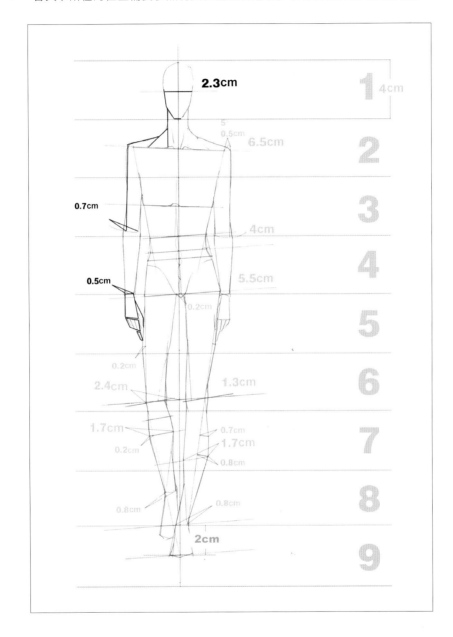

2.2 服装效果图中的头部

面部的表现在服装效果图中的作用非常重要，包含配饰、妆容、发型等方面的考量能够让设计更加全面且丰富。在比例关系上，男性头部和女性头部的绘制方法是一致的，虽然无须将面部刻画到极致，但需要能够准确、稳定地表现出一个准确并吸引人的头部。

接下来，先来讲述头部及五官的基本绘制方法。

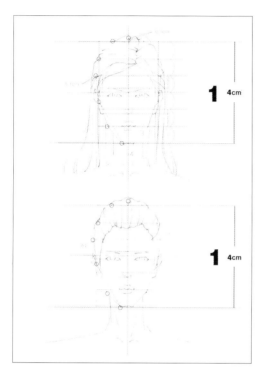
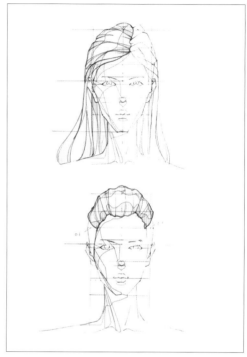

2.2.1 绘制头部线稿

头部及五官的表现也是手绘能力的体现。在绘制头部线稿时，需要确定头部的长宽比例及面部各结构的位置、头骨形状及脸型、五官位置及具体形状、发型并完成发丝分组，最后进行线条及细节的调整。

STEP01 确定头部的长宽比例及面部结构位置。

- 找到头部的长宽比例，参考线分别为重心线以及眼睛所参照的辅助横线。
- 根据个人审美，在控制头长为4cm的前提下，可以选择2.3~2.5cm来确定头部的宽度。
- 在头部的长宽所形成的矩形中，确定面部各结构在纵向上的位置。

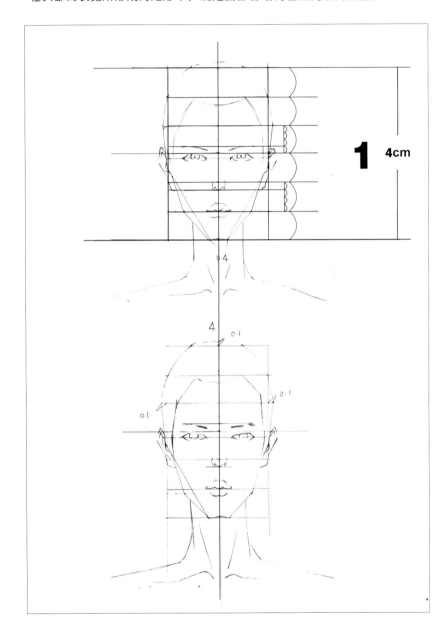

1 **4cm**

STEP02 确定头骨形状及脸型。

- 绘制头型时，可以通过点连线的方式确定形状。
- 通过头骨顶点及头两侧鼓点确定头骨的形状。
- 通过颧骨、下颌骨及下巴找到面部的轮廓，此处需要注意，下颌骨的位置不唯一，可以通过它确定不同脸型并区分男女。

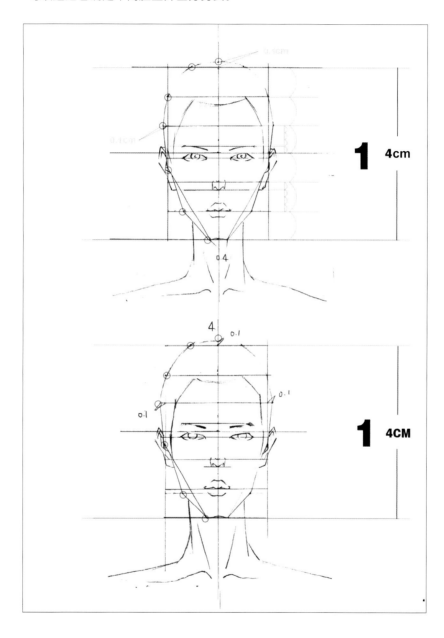

服装效果图手绘实操

STEP03 确定五官位置及具体形状。

- 确定五官时，首先需要明确影响五官形状的因素，并寻找适合脸型的五官形状。
- 五官中的弧线可以用相切的直线概括出来，并通过改变直线的长度及角度来完成不同的弧线。
- 鼻梁及耳朵的结构可以相对弱化，眼睛、嘴巴及眉毛则应该重点刻画。

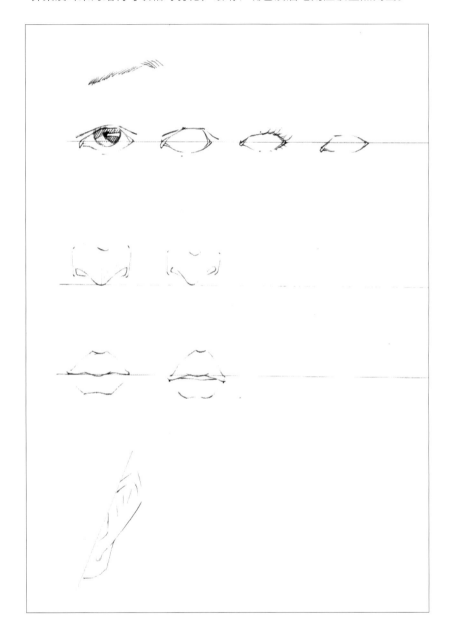

STEP04 确定发型并完成发丝分组。

- 头发附着于头皮之上，并因为发型的不同会和头骨之间产生不同的厚度及关系。
- 为保证发丝条理分明，需要将头发分组，确定前后关系及层次关系。

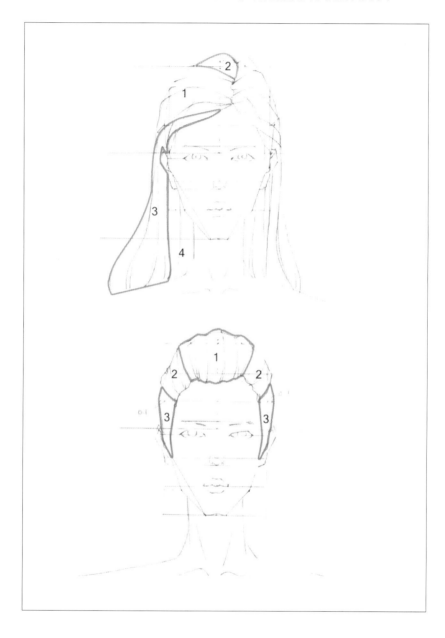

2.2.2　头部上色

为头部上色时，由于可塑造面积偏小，所以要在了解面部结构的基础上找到明暗及体面关系，之后再进行五官细节的填充与塑造。

在这一过程中，需要分析笔触的位置及形状，以便能够准确地进行效果表达。

STEP01　找到暗部及投影位置。

- 用浅色肤色笔准确地找到面部起伏所形成的暗部形状。
- 表现发型所形成的阴影产生的暗部形状。
- 表现额头正面和侧面所形成的转折面所产生的暗部形状。
- 表现颧骨凸起所形成的转折面所产生的暗部形状，以及下颌骨凹陷处所形成的暗部形状。
- 表现眉弓骨及鼻梁所形成的阴影产生的暗部形状、鼻头向下转折形成的暗部形状、鼻子和嘴所产生的阴影形成的暗部形状。
- 表现脖颈处脖筋凸起形成的立体造型和肩颈处的凹陷，以及头部投在脖颈上的阴影，这些都会产生明确的暗部形状。

STEP02 快速平涂并强化暗部。

- 使用同色进行快速平涂，此时笔触颜色会变浅（水彩需要通过调水使色彩变淡），这样即可初步塑造出面部的立体效果，平涂时需要留出眼白的形状。

- 如果能够熟练控制笔触，还可以在额头及鼻梁处留出高光。

- 使用深色肤色笔强化暗部，并找到明暗交界面。

STEP03 刻画五官细节。

- 在塑造面部五官时，眼睛及嘴需要深入刻画。

- 塑造眼皮的厚度以及黑眼珠玻璃球体的体积感，可以通过强调上眼睑的深度，突出眼睛的造型。

- 塑造嘴的立体效果，可以用浅色笔蘸取深色笔颜色晕染的方法画出通透的纯色，并在唇缝处加深。

- 塑造鼻梁及鼻头的转折面，仅加重耳朵的内侧。

- 在眉毛处，可以用彩铅绘制毛发的质感。

STEP04 找到发型的转折面及高光位置。

- 使用浅色笔，根据发型找到头发的暗部，突出高光的位置，塑造发型的体积感。

- 头发的颜色相对随意，与整体色彩呼应即可。

- 根据分组，强调发丝产生的阴影。

3

服装效果图案例详解

作为设计师，你需要借助效果图来做些什么呢？或者说它的意义是什么呢？

　　作为服装设计最主要的表现形式之一，效果图表达的内容应该是基于服装款式、面料、结构、功能、风格等元素所创造出来的，能够满足人们穿着需求的衣服，而非一张画那么简单。

　　所以，效果图需要有准确的人体动态、严谨的款式结构、流畅的设计线条、准确的色彩和面料表现，以及明确的设计重点。

3.1 水彩绘制案例

3.1.1 牛仔服

　　牛仔面料最大的特点是厚实、耐磨，而且大多数牛仔面料的表面都有较为清晰的斜向纹理。牛仔服最早是淘金工人穿着的服装，因此在接缝处会有明显的加固痕迹。在绘制时，接缝处加固的明线以及加固引起的细碎褶皱都需要充分刻画，以强调牛仔服的特征。

绘制步骤

STEP01 用铅笔画出大概的人体动态。

STEP02 在人体动态的基础上，标出大概的五官位置和头发位置，注意左右对称。

STEP03 在上一步的基础上，继续用红棕色彩铅绘制出五官的细节，用铅笔绘制出头发的大致发丝。画头发时不用每一根都从头到尾地画出来，只需将其走向画出来即可，这样画的头发蓬松、柔软且不僵硬，还有光泽感。

STEP04 在人体动态的基础上，标出服装的大概位置，画线要轻，自己能看清楚即可，注意衣服要包住所画的人体。

STEP05 在上一步的基础上继续勾勒出服装的细节，注意袖口、领口的位置要包住人体。

STEP07 用天蓝加大量水铺出上衣的颜色，在阴影的部分用稍重的颜色晕染。用一点儿橘色和红色加水调出裙子装饰上的肉粉色，绘制时在大轮廓准确的情况下，下笔要随意，不用刻意去找细微的形状变化，否则会显得生硬。用黑色绘制出鞋子的底色，注意前后脚的虚实变化。

STEP06 用橡皮轻轻擦去所画的铅笔稿，只留下浅浅的痕迹即可。用红色、柠檬黄和一些肤色颜料与大量的水调和出皮肤的颜色。快速绘制出皮肤的颜色，在水分尚未干透的情况下，适当添加稍重的颜色作为阴影。待画面上水分干透时，用肉色的彩铅勾勒身体的轮廓和一些阴影部分，注意线条的虚实表现。

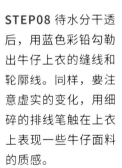

STEP08 待水分干透后，用蓝色彩铅勾勒出牛仔上衣的缝线和轮廓线。同样，要注意虚实的变化，用细碎的排线笔触在上衣上表现一些牛仔面料的质感。

STEP11 用铅笔绘制出鞋子上尖尖的纽钉，并用高光墨水将其高光点出来。接着用高光墨水点出牛仔上衣亮片的高光，表现闪闪的效果，最后调整画面完成绘制。

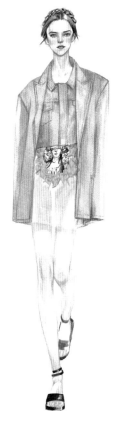

STEP09 用铅笔仔细画出裙子上的图案，然后用粉红色彩铅在肉粉色水彩装饰的基础上，用细碎笔触画出凌乱的质感。

STEP10 用白色高光墨水调和少许灰色水彩颜料，得到较浅的灰色，并绘制出网格裙，用铅笔将其阴影和起伏状态绘制出来。裙子上尖尖的纽钉也是用铅笔直接绘制的，只不过要注意它们的朝向和下笔的轻重。

服装效果图手绘实操

3.1.2 皮衣

皮革是经过鞣制加工而形成的面料，不同的皮革形态差异较大，如表面粗糙带有细微绒面的麂皮、经过涂层加工的闪亮漆皮，以及有鲜明纹理的蛇皮和鳄鱼皮等，在绘制时需要采用不同的技法表现其特征。而最常见的牛羊皮革制品，无论厚薄，通常质地都是密实柔韧，具有一定光泽的。在绘制皮革时，要注意将其与绸缎区分开，表现出皮革应有的厚重感。

绘制步骤

STEP01 用铅笔轻轻画出人体动态。

STEP03 用红棕色彩铅刻画五官，用黑色彩铅画出头发的走向。

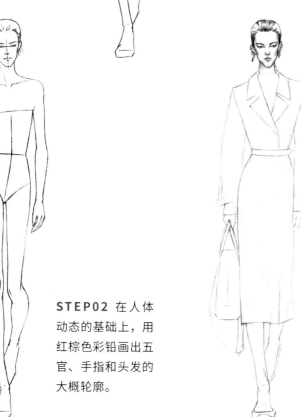

STEP02 在人体动态的基础上，用红棕色彩铅画出五官、手指和头发的大概轮廓。

STEP04 在人体结构的基础上画出服装、鞋子和手提包的轮廓。

STEP05 用铅笔完善服装的细节部分，注意表现领子、袖口、裙摆等关键部分。

STEP07 先用清水将大衣部分的画纸打湿，然后用平头画笔蘸取黑色快速画出衣服上的色块。注意下笔的方向和颜色的深浅，并留出部分皮衣的高光。

STEP08 用黑色彩铅刻画大衣的暗部和轮廓，画出提包的轮廓，注意用线的虚实表现。然后用白色彩铅轻轻画出皮衣的亮部。

STEP06 用可塑橡皮擦去铅笔线稿，并用橘色、柠檬黄、少许红色和水调和出红润的肤色，画出手、面部、胸前的皮肤。待水分干透后，用彩铅对五官进行刻画。

STEP09 用白色高光墨水调和少许黑色，得
到较浅的灰色，画出衣服、鞋子上纽钉和拉
链的轮廓。

STEP10 用白色高光墨水画出纽钉的亮部和
高光点，并表现金属反光的质感，然后用较
深的颜色画出金属的暗部。用红色点缀袖口
内的皮革，最后调整画面完成绘制。

3.1.3 经典款式时装

在已形成符号化的时装中，有一些经典款式经久不衰，其中香奈儿的外套经常使用的面料是一种松软易垂的结子花呢，需要选择查米优绉缎和双绉采用绗缝的手法制作背衬，这样的基础构造，为外套提供了柔软舒适的造型效果。

绘制步骤

STEP01 用铅笔轻轻画出人体动态，注意把握人体的重心。

STEP03 在人体结构的基础上，画出服装的轮廓。

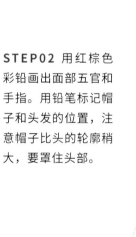

STEP02 用红棕色彩铅画出面部五官和手指。用铅笔标记帽子和头发的位置，注意帽子比头的轮廓稍大，要罩住头部。

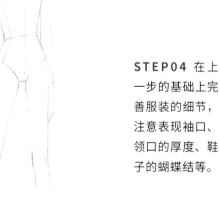

STEP04 在上一步的基础上完善服装的细节，注意表现袖口、领口的厚度、鞋子的蝴蝶结等。

STEP05 稍稍擦去过深的铅笔痕迹，调出较浅的肤色，画出面部和手的颜色。用紫色调和蓝色绘制出帽子的色块，帽檐用黑色加少许紫色画出。用红棕色彩铅画出五官的细节。

STEP07 在帽子上，用小笔绘制深浅不同的紫色和黑色的点，注意亮面的点比暗面的点浅，并把握疏密关系。

STEP06 用较浅的土黄画出头发，待水分干后用黑色加大量水画出纱帽的色块。待水分完全干透后，用黑色彩铅画出纱褶皱的走势，注意控制透明度。

STEP08 用高光墨水画出帽子的高光。用清水将衣服部分的纸打湿，再用紫色调和少许红色，画出衣服和手包的色块。用黑色调和大量的水画出袜子。

STEP09 待画面干后，用黑色彩铅画出整体轮廓，注意虚实变化。继续用黑色彩铅横向画出上衣的纹理和质感。

STEP11 用白色高光墨水加红、黄、紫等色，用短促的笔触表现衣服上的编织质感。注意画面的疏密关系和虚实关系。

STEP10 采用上一步的方法，继续深入刻画。可以根据画面效果，选择用彩铅或水彩表现服装的质感。

STEP12 继续使用上一步的方法，完善上衣，然后在衣服的边缘用彩铅画出绒毛质感。鞋子的蝴蝶结用黑色彩铅画出，注意随时调整画面。

STEP13 用高光墨水加少许黄色画出鞋子上的蝴蝶结，然后用高光墨水画出珍珠。将手包上的高光也用高光墨水点缀。最后调整画面，完成绘制。

3.1.4 皮草

与皮革一样，皮草也拥有极为多变的
外观形态。在绘制皮草时，既要表现皮
草蓬松自然的状态，又要遵循一定的方
向和规律，不能杂乱无章。笔触的排列
非常重要，或长或短，或顺直或卷曲，
或层叠或缠绕，要根据不同皮草的形态
来选择下笔的方式。

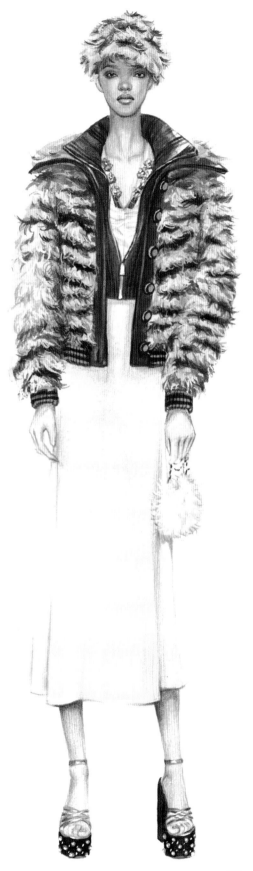

绘制步骤

STEP01 用铅笔轻轻画出人体动态，注意中心线和重心线的位置。

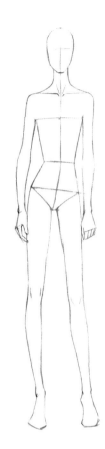

STEP03 在人体结构的基础上，画出衣服、手包和鞋的轮廓。

STEP02 用红棕色彩铅画出五官和手指。用铅笔画出帽子的轮廓，注意帽子是戴在头上的，所以要比头稍大一些。

STEP04 在上一步的基础上，画出服装和鞋的细节和褶皱。

STEP05 擦去较深的铅笔痕迹，并用橘色、柠檬黄、少许的红色和水调和出红润的肤色，画出手、面部、胸部的皮肤，注意模特的肤色较深，调色时要注意颜色的调配。用土黄色加大量的水画出帽子的形状，然后用淡淡的赭石画出上面较深的皮毛。

STEP07 用土黄加较少的水，逐根画出皮草的毛绒感。绘制时，要逐笔耐心地画出来，并注意线条的走向。用彩铅画出衣服的边缘和褶皱，注意表现虚实关系。

STEP06 用清水将皮草外套部分打湿，然后用土黄加大量的水晕染出毛绒的质感。在水分未干的时候，用较深的土黄晕染出阴影部分。裙子部分也采用相同的手法，用柠檬黄晕染出色块。帽子用较深的颜色逐根画出毛绒质感。

STEP08 用黑色画出皮草上面的黑色纹路，同样也是用小笔逐根画出。用彩铅完善画面的阴影和轮廓线，再用粉红色晕染出手包的色块。

STEP09 进一步对皮草进行刻画，加深重色部分，较浅的颜色可以用高光墨水加土黄画出来。

STEP10 画出服装的细节部分，用高光墨水画出鞋子上的珍珠，还有手包上的皮毛。最后调整画面，完成绘制。

3.1.5 西装

　　西装是所有服装单品中较为正式的款式之一，尤其是成套穿着的西装，常见于各种商务场合，能展现着装者的职业素养。在用水彩表现西装时，除了强调西装款式特征，笔触可以尽量干脆、肯定，以表现西装穿着者干练、精明的性格。

绘制步骤

STEP01 用铅笔轻轻画出人体动态。注意男性人体的走姿较为粗犷，肢体较为外扩，肩膀较宽，胯部较窄。

STEP03 在人体结构的基础上，画出西装的轮廓和款式。

STEP02 用铅笔画出面部五官和手指。刻画五官前，要画好中线，不要将五官画歪。

STEP04 用橘色、柠檬黄、少许的红色和水调和出红润的肤色，不同的肤色是采用不同的颜料比例调出来的。

STEP05 先用清水将西装部分的纸打湿，然后用灰黑色和白色加水调出西装的颜色。

STEP07 在上一步的基础上，用深色水彩和彩铅继续对西装的质感和暗面进行调整。

STEP06 完善五官，待纸干透后，用彩铅画出西装的褶皱、轮廓以及暗部。

STEP08 用削尖的黑色彩铅横向在西装上画出细密的线条，下笔要轻，表现西装的质感。用白色彩铅画出口袋部分和面料的一些反光。用黑色彩铅勾勒纽扣的形状，再画出手包的色块和形状。

STEP09 调整画面及双腿的关系。用彩铅完善手包的细节，在反光处用高光墨水点缀。调整画面，完成绘制。

3.1.6 休闲装

由运动装、亚文化街头套装、劳动装，甚至家居服混搭而成的休闲风格服装备受年轻人的青睐。对于写实图案的表现以及颜色与体面的区分，是该作品的亮点和难点。

绘制步骤

STEP01 用铅笔轻轻画出模特的人体动态，男性模特要注意走姿，体型稍微比女性模特宽一些，肌肉感稍明显。

STEP03 在大概的位置上用红棕色彩铅刻画五官，注意模特戴眼镜，眼镜的位置不可过高或过低，镜框上沿大致在眉毛的位置。

STEP02 在上一步的基础上，标记五官的大概位置。

STEP04 在人体动态的基础上，用铅笔轻轻画出服装的大概位置和款式。

STEP05 用铅笔细化服装细节，注意下笔要轻。

STEP07 用肉色彩铅刻画人体的轮廓和阴影部分，注意线条的虚实关系，在关节和手腕处稍重。用肉色彩铅刻画面部的细节，注意男性的嘴唇不要用太红的颜色，头发用棕色彩铅刻画即可。

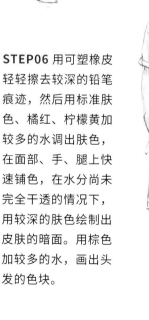

STEP06 用可塑橡皮轻轻擦去较深的铅笔痕迹，然后用标准肤色、橘红、柠檬黄加较多的水调出肤色，在面部、手、腿上快速铺色，在水分尚未完全干透的情况下，用较深的肤色绘制出皮肤的暗面。用棕色加较多的水，画出头发的色块。

STEP08 先用清水在上衣部分刷一遍，将这部分纸打湿，再用天蓝加少许宝石蓝和较多的水晕染出上衣的蓝色，在纸面较湿的情况下，用较深的蓝色轻轻晕染出暗部。裤子也是先刷清水，再用稍深的蓝色晕染。

STEP11 用水彩和彩铅进一步刻画衣服上的图案，然后用棕色彩铅画出腰带的编织纹理。最后调整画面，完成绘制。

STEP09 待纸干透后，用蓝色彩铅刻画服装的轮廓，同样要注意线条的虚实关系。用平头小笔蘸取较深的棕色水彩颜料画出腰带。

STEP10 用深蓝色加大量的水，画出上衣图案的背景部分，颜色要浅。待纸面干透后，用草绿色加祖母绿等画出图案的前景部分。用平头小笔蘸取较深的蓝色，画出裤子的暗条纹。

3.1.7 礼服

礼服是时装中最华丽、隆重的款式，具有新颖的造型、华丽的面料和精湛的制作工艺。在表现礼服时要注意其主次关系，对于造型独特，如有衬垫或支撑的礼服，可以强调礼服的廓形或适当夸张款式特点；对于装饰华丽的礼服，则要精心刻画图案、褶边、镶钉等工艺细节，适当弱化服装结构或褶皱。

绘制步骤

STEP01 用铅笔绘制出大致的人体动态，由于模特穿着的是下摆较大的礼服裙，所以模特动态较为端庄，人体摆动不大，绘制时要注意人体的重心。

STEP03 将草稿的面部中线擦去，用棕红色彩铅进一步刻画五官，重点刻画上眼睑和鼻头高点，下眼睑画线不要太实，注意对眼神的刻画。

STEP04 用铅笔轻轻地在人体动态上画出礼服裙的大概款式，确定裙摆的位置以及纱的大致走向。绘制时要将服装"穿"在人体上，下笔要轻。

STEP02 在人体动态的基础上，确定面部五官的大体位置，为后面刻画五官打下良好的基础。绘制时注意面部的中线和三庭五眼的比例，眼睛的位置大概位于整个头部的1/2处，发际线的位置大致位于眼睛到头顶的1/2处。

STEP05 进一步细化服装的款式和细节，将纱的走向分清楚，以便铺水彩的时候不慌乱。注意，这一步下笔要轻，能看见线条即可。

STEP06 用可塑橡皮轻轻擦去铅笔痕迹，能看清即可，后期上完水彩后铅笔印不可擦。用柠檬黄调和橙色再加一点儿肤色和大量的水调出红润的肤色。上第一遍颜色要浅，要湿润，但水分不能过多。在绘制纱裙遮盖部分的皮肤时，需要调和一部分紫红，以表现纱裙下的皮肤颜色。在水未干时，在五官阴影部分轻轻点上稍重的颜色。

STEP07 用彩铅细化五官，注意皮肤的边缘要有线条的虚实变化。用红色加蓝色加大量的水画出薄纱，注意纱的深浅变化。在画面尚未干透时，用稍重的颜色画出纱大量重叠的部分。

STEP08 待画面干透后，用紫色彩铅轻轻画出纱的走向，注意下摆画线的虚实变化。

STEP09 用小笔蘸取黑色水彩，在腰部画出装饰的花纹，注意花纹的形状和走向。

STEP10 深入刻画花纹，用深红色在画好的花纹上点出亮片，注意亮片的大小和疏密关系。用深黄色画出鞋的颜色，并在上面用高光墨水点出高光。

STEP11 调整画面关系，该加重的地方加重，该提亮的地方提亮，然后用白色高光墨水点出衣服上亮片的高光，做出星星点点的效果，绘制时注意疏密关系和大小变化。调整画面，完成绘制。

3.1.8 印花时装

　　随着面料加工技术的进步，印花面料的丰富程度和精细程度都有了大幅提升，使用具有极强装饰性及民族风格的印花面料成为设计师经常采用的设计手法之一。循环印花，尤其是"满地花"，可以将服装表现得自由生动，绘制时要注意图案和褶皱起伏的关系，并要逐一区分。

绘制步骤

STEP01 用铅笔轻轻画出人体动态。

STEP03 在上一步的基础上，用红棕色彩铅刻画五官，用铅笔画出头发的细节。

STEP02 在人体动态的基础上，标出五官和头发的大概位置。

STEP04 在人体动态的基础上，用铅笔轻轻画出服装的大概形态。

STEP05 在上一步的基础上，画出服装的细节，注意下笔一定要轻。

STEP07 用红色加大量的水和少许白色调和，画出粉色纱裙的色块，注意控制颜色的透明度。用紫色加大量的水画出上衣的半透明的质感。腰带则用紫色和少许的水画出较浓的颜色。绘制时，注意鞋子前后的虚实关系，并用彩铅刻画五官。

STEP06 用可塑橡皮轻轻擦去过重的铅笔线条。用橘色、柠檬黄、少许的红色和大量的水调和出红润的肤色。纱裙下面的肤色用红色加上刚调好的肤色绘制。头发用黑色加水晕染，注意高光的表现。

STEP08 用黑色和紫色加少许水，画出紫色衣服上的底层印花，用粉红色彩铅画出粉红色纱裙的印花图案，不要过于纠结，画出大概的形态即可，注意表现虚实关系。用紫色加少许白色墨水画出鞋子上的印花底色。

STEP09 用彩色铅笔继续刻画衣服上的图案。

STEP11 用白色墨水刻画背包带上的花纹，用绿色加白色墨水画出腰带上的绿色装饰，用红色加白色墨水画出腰带上的粉色花纹，用白色墨水在鞋子上点缀部分花纹，用黑色画出羽毛项链。

STEP10 用红色水彩颜料加少量的白色墨水，画出上衣的红色小花，注意表现花的疏密关系和深浅，然后用白色墨水点缀白色小花，完成上衣的绘制。整个画面有所取舍，在上衣花纹刻画较多时，裙子上的花纹可以稍微略画。

STEP12 采用上一步的方法，用各色颜料加白色墨水继续刻画衣服上的细节。然后用彩铅辅助刻画，最终完成绘制。

3.1.9 潮牌时装

很多潮牌服装会偏爱运动休闲风格，除了层层套叠、内衣外穿、连衣款式等，有的搭配方式甚至混合了服装的功能性和季节性，可以说是毫无章法，但这并不妨碍人们对自我风采的展现。

绘制步骤

STEP01 用铅笔轻轻画出人体动态。

STEP03 在上一步的基础上，用红棕色彩铅刻画出五官，并用铅笔画出头发的细节，注意这位模特的肤色较深，五官比例有些不同，主要表现在鼻子和嘴巴的大小上，嘴唇稍厚，鼻子稍圆润。

STEP02 在人体动态的基础上，标出五官和头发的大概位置。

STEP04 在人体动态的基础上，用铅笔轻轻画出服装的大概形态和款式。

STEP05 在上一步的基础上，用铅笔画出衣服的细节和褶皱走向。注意，褶皱的走向要根据人体的动态来确定。

STEP07 用湖蓝、宝石蓝和天蓝绘制衣服上的色块，注意控制水分和笔触的走向。用彩铅勾画皮肤部分的轮廓和阴影。头发选用棕色彩铅，将笔放平后用打圈的方式画出卷发。

STEP06 用可塑橡皮轻轻擦去过重的铅笔线条。用橘色、柠檬黄、少许的红色和水调和出红润的肤色，因为模特的肤色稍深，所以绘制时水分不用太多，湿润即可。

STEP08 用蓝色彩铅画出衣服轮廓，并画清楚褶皱的走向，注意控制下笔的力度，以表现虚实关系。

STEP09 用红色水彩颜料调和白色高光墨水，画出背包带上的花纹。用白色高光墨水对画面高光部分进行点缀，最后用彩铅调整画面细节，完成绘制。

3.1.10 职业套装

职业套装挺括的造型与干练的套装款式碰撞出穿着者挺拔的形象，对于可塑性较强的面料，无法通过皱褶来丰富画面，这就需要在人体着装的状态下，以主观表现细节、层次、体面，夸张或忽略。

绘制步骤

STEP01 用铅笔轻轻画出人体动态，注意把握中心线和重心的位置。

STEP03 在上一步的基础上，用红棕色彩铅刻画五官。

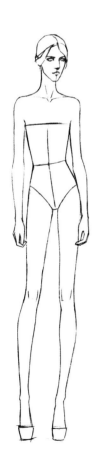

STEP02 在人体动态的基础上，标出五官和头发的大概位置，注意模特展现的是3/4侧面的脸，要确定好中心线的位置，再画五官。

STEP04 在人体结构的基础上，画出衣服的轮廓和款式。

STEP05 完善服装的细节，包括口袋和腰带，以及裙摆的褶皱。

STEP07 用黄绿色画出上衣的色块，裙子部分先用清水将纸打湿，然后用土黄色晕染。深色部分是在水分尚未干透时晕染出来的。用棕色画出鞋子的色块。

STEP06 用可塑橡皮轻轻擦去铅笔线稿。用橘色、柠檬黄、少许的红色和水调和出红润的肤色，并绘制在相应的区域。用肉色彩铅刻画皮肤质感和细节。头发用棕色水彩画出色块后，再用棕色彩铅画出发丝和反光。

STEP08 用墨绿色彩铅画出上衣的轮廓和褶皱。这件衣服的面料较为硬挺，褶皱相对较少。用土黄色彩铅勾勒裙子的褶皱和轮廓。在上衣部分用浓郁的红色加少许白色高光墨水，画出鲜红色的口袋。

STEP11 用高光墨水加黄色画出口袋上的花纹细节，然后用勾线笔刻画细节。最后调整画面，将不够重的地方加重，完成绘制。

STEP09 用彩铅继续加深和刻画衣服的暗部，包括裙摆下面的阴影部分，上衣和裙子之间的阴影等。

STEP10 用白色高光墨水画出口袋上的针织细节。点出纽扣和腰带扣的高光，腰带的细节用黑色彩铅塑造。

3.2 马克笔绘制案例

3.2.1 彩色粗毛呢面料套装

本例绘制的是彩色粗毛呢面料套装。粗毛呢面料利用各种精梳彩纱、捻纱、嵌纱作为经纱和纬纱，通过平纹、斜纹或双经排列的变化，使花呢表面呈现各种条纹、格子、小提花图案和彩色条纹效果。加上本例服装中丰富的色彩，让商务套装款式在复古氛围中更具清新活力。在表现时，需要注意笔触要果断并适当进行虚实变化。

绘制步骤

STEP01 用铅笔画出模特的行走动态及着装效果，本例的模特上身基本直立，向右摆跨，重心落在右腿上。由于模特是光脚行走的状态，所以要特别注意脚部的结构，以及手中鞋子的透视关系。

STEP03 用较浅的肤色在模特的面部、裸露的胳膊、手部和脚部均匀铺上一层肉色，注意绕开墨镜的位置。再用较深的肤色加重鼻底、脖子、手脚上的阴影，以及袖口和裙摆在皮肤上的投影，强调立体感。注意，在叠色时过渡要柔和，以体现皮肤细腻的质感。

STEP02 用copic棕色马克笔勾画面部五官、胳膊、手脚的轮廓，并将多余的铅笔线条擦掉，以免后续上色时弄脏画面。

STEP04 用暖黄色绘制出头发的底色，用玫红色绘制唇部并在下嘴唇留出高光，用棕色勾线笔加重唇中线，用冷灰色在墨镜上铺一层底色，并同时将唇部的玫红色和墨镜上的冷灰色点缀到耳环上。

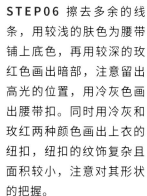

STEP06 擦去多余的线条，用较浅的肤色为腰带铺上底色，再用较深的玫红色画出暗部，注意留出高光的位置，用冷灰色画出腰带扣。同时用冷灰和玫红两种颜色画出上衣的纽扣，纽扣的纹饰复杂且面积较小，注意对其形状的把握。

STEP05 用深褐色沿发丝的走向加重头发的暗部，同时用棕色针管笔绘制一些飞散的发丝，使头发更有灵动感，数量不宜过多，以免破坏头发整体的层次感。用淡黄色画出墨镜的主体颜色。

STEP07 用肤色、浅蓝色、淡绿色、浅黄色画出服装的底色，同时留出高光的位置，再用较深的肤色、玫红色、明黄色来加重上衣的暗部。

STEP09 用蓝绿色和冷灰色画出鞋子的颜色，用肤色为手包铺上底色，再用较深的肤色或肉粉色画出手包的暗部，用玫红色继续加深暗部，同时用冷灰色画出手包内里的颜色。

STEP08 继续加重裙子上的暗部，用明黄色、玫红色、蓝绿色来填充手环的颜色。

STEP10 用高光笔点亮整体画面，衣服和鞋子用交叉的线条进行表现，而配饰部分用点状笔触表现，用黄绿色大面积铺出背景，并用服装中涉及的颜色，在画面中以点或线的形式对画面进行渲染，以达到整体颜色的和谐统一，最终完成绘制。

3.2.2 反光面料时装

本例的款式为透明反光面料与蕾丝图案的结合，蕾丝的图案非常丰富，有四方连续的重复花饰，也有结构繁复的独立图案，在服装设计中大面积使用或小面积装饰都非常适合。该款式除了需要对蕾丝图案进行勾画，还要注意对反光面料质感的表现。

绘制步骤

STEP01 用铅笔绘制
人体动态、头部五官
及款式廓形的草稿，
注意表现人体与服装
之间的关系。

STEP03 使用copic
肤色马克笔完成底
色的平铺及明暗面
的塑造，这对于人
体结构的理解至关
重要。服装覆盖的
部分仍需要进行上
色，以便在服装上
色时能够隐隐看到
人体，以表现透明
面料的效果。

STEP02 对草稿进行
勾线，这里可以使用
暖色针管笔完成皮肤
部分及头部的线条勾
画，使用小楷笔对服
装进行勾画。由于该
款服装采用了透明材
质，故面料下的躯干
及腿部也应该勾画。

STEP04 刻画面部细
节，完成对五官的深
入塑造，在表现五官
的暗部时，可以使用
更艳丽的色彩丰富层
次，眼睛、鼻头、嘴
的表现是面部五官塑
造的重点。

STEP05 表现发色时，可以使用软头笔进行刻画，但需要注意对头部体面的表现，通过头顶的高光表现体积感，用色彩的深浅表现两侧发组的前后关系。

STEP07 为裙身部分上色时，可以先确定暗面，这里的暗面主要为褶皱部分的投影以及服装转折的体面。

STEP06 用深灰色完成抹胸部分的底色塑造，可以借助高光笔和更重的灰色表现体积感。

STEP08 对服装进行大面积平涂，这一步还需要找到暗部位置，以便下一步的深入刻画。

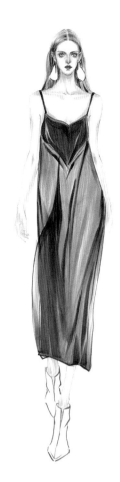

STEP09 使用重色拉开服装的对比关系，可以加深明显的褶皱形状及明暗交界线。

STEP11 表现蕾丝图案，注意控制笔触的粗细变化，能够更好并快速地凸显图案效果。

STEP10 胸衣部分的珠钉可以使用白色高光笔直接点出，裙身部分还需要找到反光面料高光的形状以突出质感。

STEP12 对耳饰及鞋进行平涂，注意通过色彩的深浅表现体积感。为表现珠钉的效果，可以先用黑色点出暗部。

STEP13 使用白色高光笔点出珠钉的效果，在高光点上点缀色彩可突出闪光效果。最后对背景进行简略装饰，完成绘制。

3.2.3 蕾丝时装

传统的蕾丝是用钩针进行手工编织的一种装饰性面料，具有镂空网眼的效果。在绘制蕾丝时，除了要耐心描绘花饰的细节，还要注意区分主要花饰和次要花饰，做到主次有别。对于复杂花饰的表现也可以进行一定程度的二次创作，但对于疏密及位置的掌控仍然很关键。

绘制步骤

STEP01 首先完成铅笔稿的起形，重点仍然是确定人体动态以及服装穿着状态。

STEP02 在勾线过程中，使用两种勾线笔分别对皮肤及服装进行勾画。对服装勾线时，可以通过线条的虚实表现面料的质感。

STEP03 由于服装采用透明纱质蕾丝面料，所以透出的人体部分仍需要进行表现，平涂肤色并找到因起伏、投影或转折而形成的暗部。

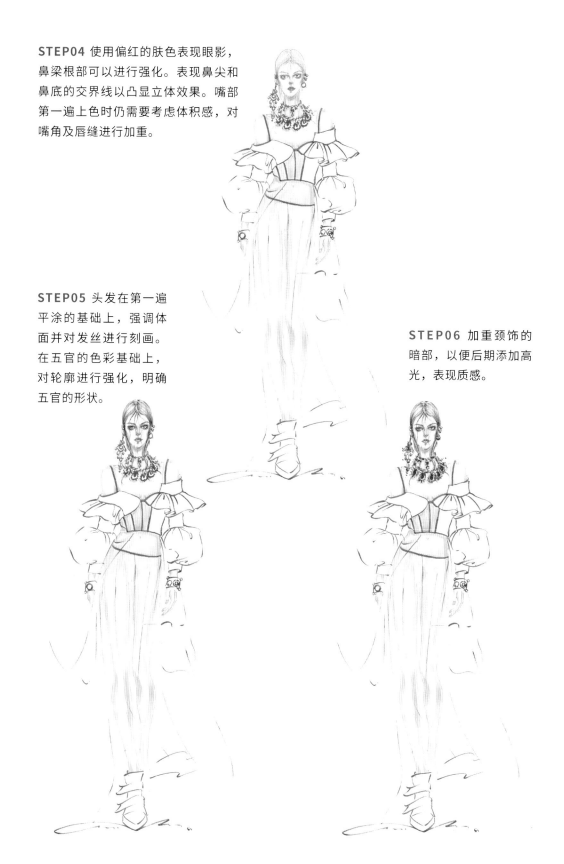

STEP04 使用偏红的肤色表现眼影，鼻梁根部可以进行强化。表现鼻尖和鼻底的交界线以凸显立体效果。嘴部第一遍上色时仍需要考虑体积感，对嘴角及唇缝进行加重。

STEP05 头发在第一遍平涂的基础上，强调体面并对发丝进行刻画。在五官的色彩基础上，对轮廓进行强化，明确五官的形状。

STEP06 加重颈饰的暗部，以便后期添加高光，表现质感。

STEP07 使用浅灰色
为不透明面料添加底
色，同时也要注意根据
褶皱关系进行留白。

STEP09 对裙摆及
部分透明的身体部
分进行铺色。鉴于
纱质面料的特点，
可以使用长笔触进
行快速表现，并以
该面料所形成的褶
皱形状为基础找到
暗部。

STEP08 对褶皱暗
面、转折面以及靠
下层次所形成的暗
部进行加深，以塑
造面料并丰富层次
效果。这里可以使
用相同的色彩对鞋
进行塑造。

142

STEP10 在底色的基础上，使用深色对于衣袖的褶皱暗部进行加重并明确轮廓。随后使用小楷笔对蕾丝图案进行抽象表现，这里需要注意图案的位置安排及疏密变化。

STEP11 使用高光笔提亮首饰的亮部，并找到部分蕾丝图案的高光以凸显蕾丝的厚度，增加画面对比。整理画面，完成绘制。

3.2.4 晚礼服

本例绘制的是一款裙撑与挺括面料相结合的晚礼服，大型的裙摆和缎面柔和的反光效果往往更能烘托穿着者的高雅气质，该作品在表现时的重点在于，对缎面质感以及色彩融合的把控。

绘制步骤

STEP01 首先完成铅笔稿的绘制，对于覆盖人体的服装表现，仍不能忽略人体的重要性，可以简化但要保证人体动态的准确性。

STEP02 分别对服装及皮肤进行勾线，使用长线条时，需要注意线条的虚实表现，以增加轻松的画面效果。

STEP03 对裸露部分的肤色，
进行第一遍塑造，以突出体面
和结构为重点。

STEP04 加重头部、肩颈及手臂的
暗部，并塑造出五官的明暗结构，
勾勒出轮廓形状。

STEP05 在表现头发时，可以随着发丝的走向，由分缝线向两侧使用软头笔塑造，除了表现头顶亮部，还需要对分缝线两侧的发丝进行加重，以凸显厚度。

STEP06 随着服装结构及大褶皱的层次关系，添加主要色彩。

STEP07 区分裙摆部分的
色块，并平涂底色，为了使
不同色彩能够自然衔接，可
以使用软头笔过渡色彩。

STEP08 根据底色位置加重色
彩，这一步仍然需要注意色彩所
在位置是否存在明暗关系。

STEP09 明确褶皱形状，并加重褶皱的暗部。

STEP10 表现耳饰及部分鞋头，对于小面积的结构表现，可以通过简单的投影或高光来突出体积感。

STEP11 使用白色色粉或彩铅提亮高光
及反光区域，因为缎面的特点，这里的
亮部表现应相对柔和，无须过于明确。

STEP12 调整画面并通过背景烘托
画面效果，完成绘制。

3.2.5　牛仔套装

　　牛仔面料最大的特点是厚实、耐磨，而且大多数牛仔面料都有较为清晰的斜向纹理，接缝处会有明显的加固痕迹。随着技术的进步及穿着场合的变化，牛仔面料也展现出更多的质感。如何通过大面积的笔触快速平涂及留白表现平整、厚实的面料，是牛仔面料表现的基本要求。

绘制步骤

STEP01 使用铅笔勾勒服装结构及头部和五官。

STEP03 用马克笔完成面部及手脚的铺色，注意面部及手脚的结构，需要通过较深的马克笔进行表现。

STEP02 分别使用暖色针管笔及小楷笔，对面部及服装进行勾线。

STEP04 黑眼球可以先铺底色，这样可以呈现有色眼球的效果。

STEP05 对五官的轮廓进行加重，明确其形状。

STEP07 在头发底色的基础上，表现卷发质感，这里可以使用彩色纤维勾线笔来表现不同深浅的发丝，以突出层次感。

STEP06 在对发丝进行铺色后，使用宽头马克笔对服装进行色块平涂。对于大色块平涂的款式，需要对留白进行控制，以丰富色彩变化。这里仍然需要根据体面的需求进行笔触的安排，例如，非重心腿需要重色来凸显向后的空间关系。

STEP08 完成帽子的体面及褶皱的色彩表现。

STEP09 表现背带、纽扣和鞋尖，借助高光笔表现体积关系及装饰，至于浅灰色丝袜的表现，仅需要在脚部本色塑造的基础上，平铺笔触即可。整理画面，完成绘制。

3.2.6　镂空面料时装

镂空面料的设计效果丰富多样、风格多变，将其运用到服装设计中可以增加设计的层次感和视觉冲击力。使用镂空面料制成的服装，立体时尚、柔美舒适。对于这类设计的表现，需要在款式廓形的基础上，对镂空图案进行细致的刻画，并考虑镂空部分的色彩表现。

绘制步骤

STEP01 绘制铅笔线稿，这一款式的重点是在清晰刻画镂空图案的前提下，使图案与裙摆褶皱相协调。

STEP03 完成面部、头、手等皮肤部分色彩关系的塑造，在面部铺色的过程中，可以凸显眼影及鼻翼。

STEP02 分别完成头部及款式的勾线，注意在图案勾线过程中，保证线条的一致性及流畅感。

STEP04 用更鲜艳的颜色绘制妆容及暗部，刻画面部结构的重色或凹陷结构，凸显五官的立体感，并表现唇色。

STEP06 在头发底色的基础上，通过对发丝的塑造表现头部的立体感及头发的厚度。

STEP05 强调五官的轮廓，如上眼睑、瞳孔、眼角、鼻孔、嘴角、唇缝线等。

STEP07 塑造浅色或白色衣服时，可以先用浅灰色对服装的暗部进行表现，这些暗部的位置及形状应与褶皱、转折、投影相对应。

STEP09 对门襟及腰带进行塑造，需要注意腰带的圆柱体体面关系，并对腰带的系带部分所形成的层次和投影进行表现。

STEP08 强化衣身暗部，以明确款式层次关系和褶皱结构关系，并丰富画面对比效果。

STEP10 表现镂空部分透出的底色，这里可以选择较肤色更深的颜色，随着褶皱走向及体面进行平涂，也可以使用少量的灰色笔触塑造体积感。随后，在镂空图案部分的轮廓处二次加深，以体现投影效果。

STEP12 在裙摆中用高光笔提亮镂空图案的颜色，明确其固有的白色图案，并对鞋带的投影进行补充。

STEP11 对鞋及手提包进行上色，这里需要注意对立体效果的表现，皮质的鞋面可以通过高光的位置及明暗的对比，表现透视及立体效果。

STEP13 在裙摆镂空的部分装饰线条，以凸显薄纱的质感，并对较重的图案轮廓进行修整，使其更具面料的柔软质感。

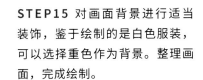

STEP15 对画面背景进行适当装饰，鉴于绘制的是白色服装，可以选择重色作为背景。整理画面，完成绘制。

STEP14 为提包的轮廓添加高光笔触，以丰富画面效果，但需要注意高光笔的装饰用法，不能面面俱到，以免失去其应有的点睛效果。

3.2.7　数码印花面料时装

　　随着面料加工技术的进步，尤其是数码印花技术的普及，印花面料的丰富程度和精细程度都得到了大幅度提升。如果是定位印花，印花图案和服装的结构、款式结合紧密，图案的位置和比例都要非常考究；而如果是循环印花，尤其是"满地花"，则可以表现得自由、生动一些，但要注意图案和褶皱起伏的关系。

绘制步骤

STEP01 完成线稿的绘制。由于需要表现"满地花"图案，所以在褶皱表现中，应选择主要的褶皱进行刻画，尽量通过廓形来诠释款式状态。

STEP03 在结构表现的基础上，用深色笔表现两腮的妆容效果。绘制衣身部分的肤色笔触，目的是在色彩上凸显轻薄及略显通透的质感。

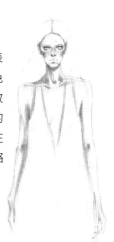

STEP02 使用针管笔勾线，如果采用较粗的小楷笔会影响图案的表现效果。

STEP04 完成眼睛、嘴及鼻翼的细节塑造，明确轮廓并清晰妆容。

STEP07 对衣身款式的底色进行铺设，可以略微融合肤色及图案的主要色彩。注意，在表现底色时，仍需要符合人体穿着服装时的结构关系。

STEP05 使用软头笔铺头发底色，通过留白体现头部的体积感及发丝质感。

STEP06 使用重色刻画发丝细节，强调发丝分组，以体现头顶头发的转折关系及两侧头发的前后关系。少量使用高光笔也可以起到点缀的作用。

STEP08 拆解印花。首先完成主要印花的塑造，这一步从整体出发，明确印花的位置。

服装效果图手绘实操

STEP09 在主要印花的基础上，逐渐丰富花饰并使用彩色勾线笔对印花细节进行勾勒，这里需要注意把握主次关系，使印花的排布疏密有序。

STEP10 使用高光笔进行点缀，并在相对较空的部分少量点画同类颜色，以丰富印花效果。整理画面，完成绘制。

3.2.8 纱质面料时装

纱质面料质地轻盈、透明度高、柔软透气，是夏季服装比较常用的面料。其面料特点主要有两种，一种是软纱，其质地柔软，呈半透明状；另一种是硬纱，质地轻盈，但有一定的硬挺度。对于此面料的表现，可以综合运用重叠法、晕染法或喷绘法，表现纱的透明效果。当透明的纱覆盖在比其色彩明度深的物体上时，被覆盖物的颜色会变得较浅；反之，被覆盖物的颜色会变深。纱易产生自然褶皱，在处理时，可以丰富层次，而对于飘起来的纱，可以略微淡化。

绘制步骤

STEP01 完成款式
廓形的铅笔线稿。

STEP02 为铅笔稿勾线。对于勾
线笔的选择，可以根据面料质感的
需要进行选择，这里选择的勾线笔
均为针管笔。

STEP03 塑造
面部及手臂、
腿部的体面。

STEP04 丰富五官妆容并对眼睑、鼻
头、嘴等细节进行刻画。身体部分可以
通过明暗交界线的刻画，凸显体面及结
构特点。

STEP05 随着发型中发丝的走向进行头发的塑造，注意头部体面及发丝疏密的排布。

STEP06 在表现纱质面料时，将网眼较大的硬纱网铺于服装之上，再用马克笔铺设笔触，纱网透过的笔迹部分便会形成理想的质感效果。

STEP07 采用同样的方法，在体面与褶皱关系下丰富服装层次。胸衣上的纱质装饰边的处理，可以相对轻松。

STEP08 在裙摆的部分，分别使用黑色小楷笔及高光笔勾勒出裙摆线条，以区分内外层次，此处的线条应符合面料特征，以轻松且富有变化的线条表现。

STEP09 对于装饰类效果图，在款式细节的处理上可以相对随意，最后，可以对轮廓进行强调并添加背景效果，完成绘制。

3.2.9 针织面料时装

针织面料因为采用线圈串套结构，具有较大的弹性，所以针织类服装显得柔软、温暖。常见的针织面料分为两大类——剪裁针织和成型针织。剪裁针织常用于运动装、T恤衫和内衣，纹理比较细密，在绘制时只要表现出贴合身体的状态即可，不需要刻意表现肌理；成型针织常见于各式毛衫，尤其是粗棒针的毛衣，在绘制时要表现出花饰和织线的纹理。

绘制步骤

STEP01 完成铅笔稿的绘制。在人体的基础上，画出服装的轮廓、层次及装饰细节。

STEP03 对肤色进行铺色及塑造，面部的色彩塑造主要集中在眼周及鼻周部分。腿部需要考虑对服装的投影进行表现。

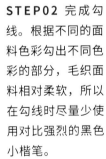

STEP02 完成勾线。根据不同的面料色彩勾出不同色彩的部分，毛织面料相对柔软，所以在勾线时尽量少使用对比强烈的黑色小楷笔。

STEP04 明确五官细节，鼻头、嘴可以利用高光笔点出亮部，以凸显体积感，瞳孔使用高光笔塑造出眼球的质感。

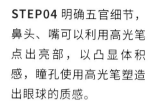

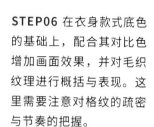

STEP06 在衣身款式底色的基础上，配合其对比色增加画面效果，并对毛织纹理进行概括与表现。这里需要注意对格纹的疏密与节奏的把握。

STEP05 对头发进行分组平涂，通过留白及高光笔的提亮处理，建立浅色头发的色彩关系。接着，对衣身部分的固有色进行铺设，这里可以选择相对较亮的颜色增强效果。

STEP07 刻画格纹质感并对其他衣片的针织纹理进行表现。这里需要注意的是，对于织纹的塑造不宜面面俱到，否则会让画面变得沉闷，一定要虚实结合。

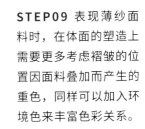

STEP09 表现薄纱面料时，在体面的塑造上需要更多考虑褶皱的位置因面料叠加而产生的重色，同样可以加入环境色来丰富色彩关系。

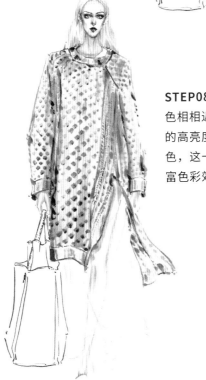

STEP08 选择与固有色色相相近，但略有差别的高亮度色彩塑造环境色，这一步的目的是丰富色彩效果。

STEP10 此处的图案可以
根据整体画面效果选择刻
画的深入程度，这里可以
相对抽象，仅在局部丰富
细节即可。

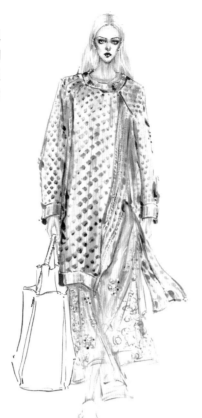

STEP12 加重手提包的
褶皱和体面，以塑造立
体效果及质感。

STEP11 手提包的铺色基
本以平涂的方式进行，平
涂中的留白可以让画面显
得轻松，并在深入塑造中
体现意想不到的效果。

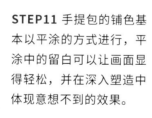

STEP13 使用高光笔对手提包轮廓
进行适当提亮，以丰富画面效果。

STEP14 在完成鞋的立体塑造后，加入
适当的背景，完成绘制。

3.2.10　编织工艺时装

编织工艺面料的质地一般较轻，光泽自然，纹路清晰，但效果挺括。较大的纹理花饰、编织纹样等，可以按照一定的比例夸张地表现其效果。工具可以使用彩色铅笔、油画棒等，技法则采用摩擦法、勾线平涂法等。

绘制步骤

STEP01 完成人体的绘制。人体是服装表现的基础，要注意人体的动态及透视关系。

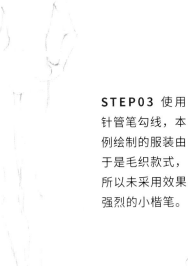

STEP03 使用针管笔勾线，本例绘制的服装由于是毛织款式，所以未采用效果强烈的小楷笔。

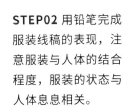

STEP02 用铅笔完成服装线稿的表现，注意服装与人体的结合程度，服装的状态与人体息息相关。

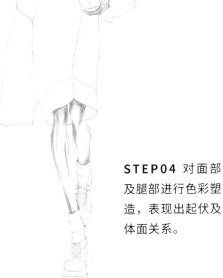

STEP04 对面部及腿部进行色彩塑造，表现出起伏及体面关系。

STEP05 完成对
五官的深入刻画，
包括轮廓的明确及
妆容的补充。

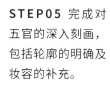

STEP07 在衣身上
对织纹进行勾画，
注意纹路的走向、
疏密及位置的安
排，并对主要纹路
的暗部进行表现，
以增加立体效果。

STEP06 根据发
型分组，对头发体
面及发丝进行刻
画，注意转折和层
次的色彩对比。

STEP08 进一步对织
纹进行塑造，这一步
除了要强化纹路的立
体效果，还要对织纹
轮廓进行强调，这里
仍然不能统一勾画，
而是随着织纹的暗面
强调轮廓。

STEP09 完成领口及配饰色彩
的铺设，并根据这些色彩为衣
身及头发添加环境色，以丰富
画面效果。

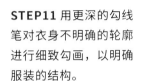

STEP11 用更深的勾线
笔对衣身不明确的轮廓
进行细致勾画，以明确
服装的结构。

STEP10 完成对鞋的塑
造，鞋头的留白可以更
好地体现走姿中脚步的
前后透视关系。

STEP12 选择对比色画出背景，完成绘制。

3.3 服装款式图

3.3.1 军装风款式

　　短款的夹克上衣，采用肩章的设计，用宽腰带进行收腰，再配上小立领设计，显得穿着者十分精神。面料较为硬挺，廓形较收身，加大的口袋是设计的亮点。

　　硬挺且较高的领子和收腰的设计使穿着者更加精神，袖子的波浪形设计，加宽了肩膀的宽度，增强了气势的同时，又不失女性化的感觉。采用肩章设计，是军旅风格服装的典型表现形式。

　　采用风衣的廓形，但是面料较为厚重，凸显了肩部的轮廓线，使其视觉上较为宽阔。腰部使用腰带强调腰线，使穿着者显得更加精神。在颜色的选择上，可以拼色，也可以使用单色，再用配件加以点缀。

　　此款采用披风的设计，面料较为柔软，垂坠感强，给人一种英姿飒爽的感觉，内搭的衣服纽扣采用皮搭扣，增添了一丝硬朗的感觉。

　　此款设计采用风衣的外形，风衣本是军服的一种，在肩部用肩章增加强硬感。面料虽然较软，廓形宽松，但是在袖口、腰部采用收紧设计，整体显得坚挺、精神。颜色可以选用风衣设计中常用的卡其色。

3.3.2　礼服款式

　　礼服上半身为紧身造型，前面采用大 V 领的设计，下半身整体为 A 形大裙摆造型，面料使用较有质感的厚重面料，增加垂坠感和裙摆的质感，可以用纯色，也可以采用印花设计。

上身采用了荷叶边作为肩袖的设计，背面为深 V 的露背造型，腰部采用平滑的紧身设计，并一直延伸到下半身。下面拼接较为柔软的纱质裙摆，增加了面料质感的对比。颜色可以用拼色，也可以采用同色系来突出面料质感的对比。

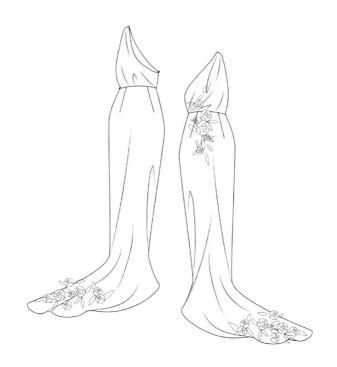

这是一款常规的礼服，上身和下身都采用收紧的造型，并且裙摆采用了拖地的设计，在面料选择上可以使用华丽的丝绒作为主面料，而腰部和裙摆部分的花朵点缀，可以使用立体的烫花，也可以使用平面的刺绣进行装饰。

　　依旧是吊带紧身上衣，配上大裙摆的设计。腰部采用打褶设计，配上腰带，上半部分较为简洁。这条裙子可以将设计重点放在下半部分——层层叠叠的纱裙，同色系不同深浅的颜色可以做出层次感，层层递进。可以用亮片进行点缀，做出波光粼粼的效果。

　　收身的上衣配上层层叠叠的大裙摆，形成了 A 字形的廓形，再加上一字肩的设计，凸显了女性肩膀和锁骨的美感。

3.3.3 民族风款式

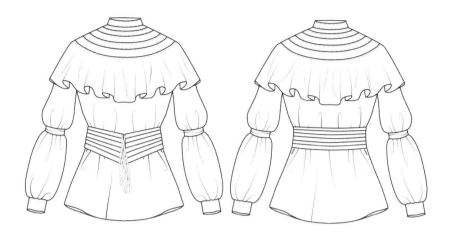

　　民族风格的上衣，采用较为轻薄、柔软的雪纺面料，廓形上有紧有松，富有层次感，腰带的设计采用编织的流苏，更富有民族气息。

　　吊带裙的上半部分采用抽褶的设计，下半部分采用不规则的裙摆设计，同时在袖口处做了刺绣花纹。整体款式在面料上可以大面积使用白色，然后用花边点缀。

　　典型的民族风格设计，采用宽松、舒适的面料和较为轻松的款型。领口采用抽绳设计，很好地诠释了民族风格服饰的特点。大量采用花边设计，增加服装鲜艳、明亮的感觉。

　　较为紧身的设计，以凸显穿着者的身材。一字领的设计，增添了一丝风情，在衣服的正面采用绑带的设计，既性感又热情，绑带两边和袖口处用花边进行装饰，增加了款式的细节表现力。

　　宽松的衬衫，设计重点主要集中在领子、袖子及前襟，采用了大量的蕾丝花边设计，较为宽松，面料较为柔软、贴身，可以采用大面积的碎花进行装饰。

3.3.4　男士西装

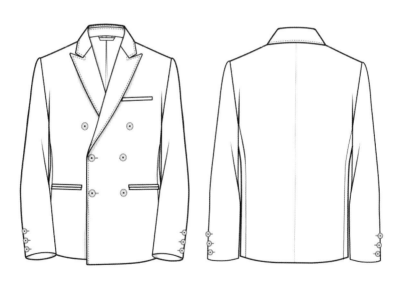

　　采用枪驳领设计的西装，相对平驳领更加高调、张扬，双排扣比单排扣更能凸显枪驳领的视觉效果。枪驳领自带气场，也较为正式。颜色上可以选择比较正式的颜色，例如蓝黑、黑色等。

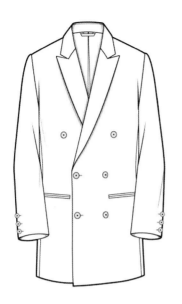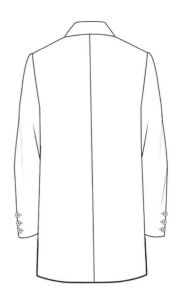

　　这款属于正装大衣外套，采用了枪驳领和双排扣设计，使气势更加强硬，也更有气场，使穿着者显得较为正式，颜色上多采用较为沉稳的颜色。

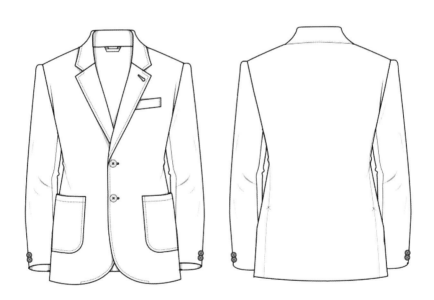

　　平驳领的日常西装，采用单排扣设计，款式比较轻松，适合日常穿着。颜色选择上可以很丰富，不同的颜色可以使该款西装产生不同的穿着效果，但要注意颜色搭配。

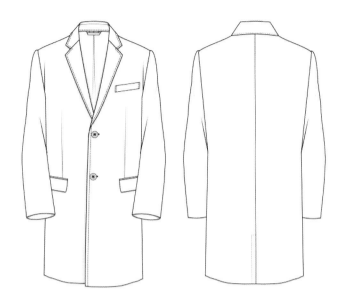

　　正装大衣款式，采用平驳领的设计，弱化了正装大衣本身强硬的气势，直筒的衣身设计显得轻松、随意，属于比较日常的正装大衣款式，颜色选择多样，浅色和深色都可以。

3.3.5　休闲男装款式

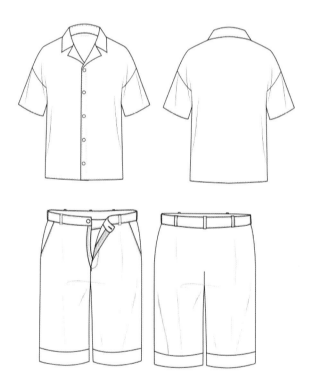

　　常规的男士休闲套装，上衣为较宽松的短袖衬衫，下身为舒适的短裤，款式相对简单，面料上可以采用棉麻等舒适的面料，可以采用印花等作为装饰，以增加设计的丰富性。

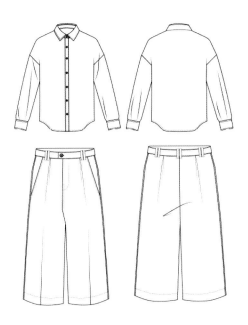

　　基本款的衬衣，搭配宽松的阔腿裤，板型上没有过多的设计，同样可以在花纹和面料上下功夫。可以采用大量的印花作为装饰，增加舒适、随意的休闲感，也可以采用棉麻等较为舒适的面料，以提升服装整体的质感。

　　短袖套头上衣和宽松阔腿裤的组合，体现了街头休闲的气息，设计元素比较多，此时可以不用那么多的印花装饰，用拼色来表现反而是不错的选择。裤子采用了假两层的裤腿设计，体现了满满的街头休闲风。

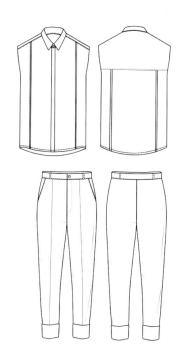

　　无袖的衬衣和休闲裤的设计，特点是上衣较为宽松且无袖，增加了休闲感，而长裤的设计也使用了休闲的款式。面料选择方面，上衣可以采用面料拼接，也可以采用印花来点缀；裤子可以有条纹、格纹、印花、纯色等选择。

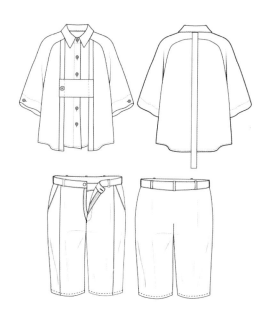

　　宽松的休闲上衣和休闲短裤的搭配，上衣部分使用面料拼接表现了层次感，同时增加了服装的细节。袖子较为宽大，并且采用了插肩袖的设计，裤子采用简单的休闲短裤款式，更好地将视线留在了上半身，展现上衣的设计。

3.3.6　牛仔夹克

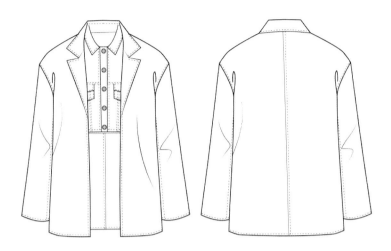

　　假两件式的牛仔款式设计，外面一件宽松的大廓形外衣，里面一件较为短款的牛仔夹克，显得活泼又有层次感。

　　无袖牛仔夹克，款式较为宽松，设计时可以在面料和装饰上下功夫，面料采用牛仔面料或者在面料上增加亮片和印花图案，可以采用水洗、磨毛装饰，也可以添加铆钉，衣服的边缘以毛边的形式表现。

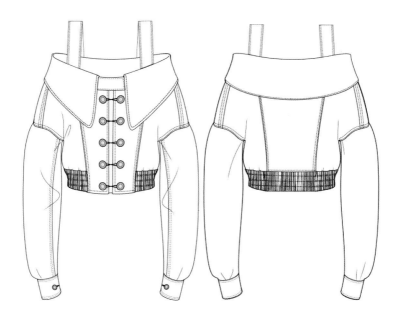

　　这款短款牛仔夹克，采用宽领、高腰的设计。袖口则采用束口的方式，较短的款型使穿着者看起来利落。面料可以采用单一的牛仔面料，或者用不同面料与牛仔面料拼接。装饰方法可以采用磨毛、水洗、刺绣等。

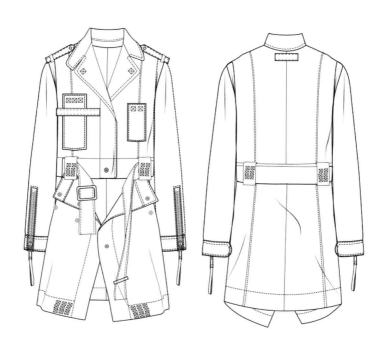

　　长款牛仔外套，款式较为宽松，采用上下两段式的设计从腰间分开，口袋采用叠加的设计，这里可以采用比较丰富的面料来制造层次感。腰带可以采用流行的编织带，装饰可以用铆钉、纽扣、印花、刺绣等来丰富整个外套的视觉效果。

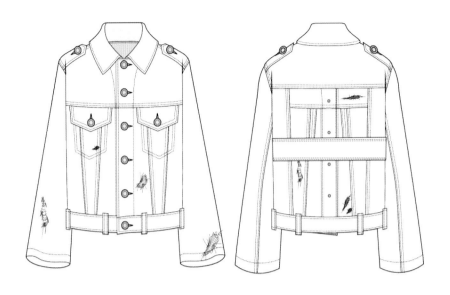

中长款牛仔夹克，正面采用常规的牛仔单宁款式，背面的设计比较特别，采用镂空叠加的形式突破常规的模式。面料颜色可以采用不同深浅的牛仔面料，或者拼接不同的面料，如皮革、PVC 等。

3.3.7　皮草

无袖长背心设计，使用较长的皮草面料。在颜色的选择上，可以采用拼色皮草，也可以采用整体为浅色，毛尖为深色的皮草，增加整体造型的立体感和可视性。

　　短款皮草小外套，款式较为短小，面料采用较为蓬松的中长毛皮草。颜色可以采用浅色系的颜色，使整体显得不那么厚重。

　　衣长位于腰部上方，同样用了较短的款式，袖子采用收袖口的设计，用纽扣点缀。面料采用较长毛的皮草面料，看起来较为蓬松、飘逸。

　　宽松 A 字廓形的设计，面料采用较短且蓬松的皮草面料。在袖口和领口部分采用了皮带扣的收紧设计，皮革的硬朗风格与蓬松柔软的皮草形成了对比，增加了可看的细节，口袋处也可以使用皮革材质。

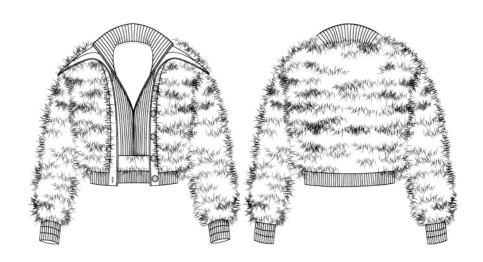

　　假两件的设计，皮草部分采用较短的皮毛，显得蓬松，里面配针织的夹克领子，保暖性强，又富有层次感。

3.3.8　皮革

　　长款的机车皮革外套，有两层式的设计，垫肩、收腰显得干净利落，配饰上采用了大量的铆钉、皮带扣和拉链，增加了服装的机车感。

　　长款的风衣式皮衣，采用了不对称的设计，大的皮带扣作为腰部的点缀，左半边用不同颜色的皮革作为装饰，同样运用拉链和皮带扣增加细节，袖子采用假两件的设计。

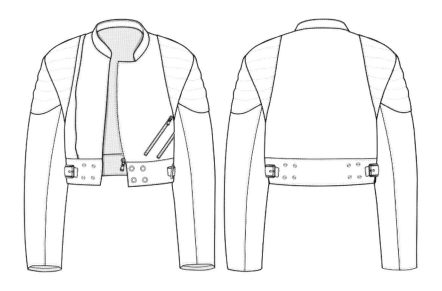

　　短款的机车皮衣，圆领的设计，在腰部用扣眼、皮带扣进行装饰，肩部采用了缝线的设计，增加了细节。

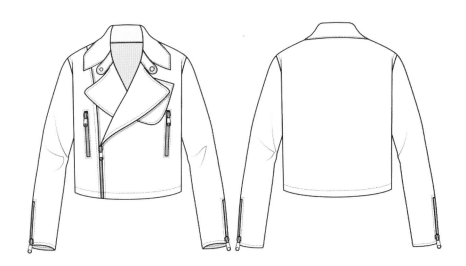

　　机车皮衣的基本款型，作为设计的素材，可以在上面进行点缀，铆钉、面料切割、印花、变形等都可以。

　　背心形式的机车皮衣，肩部和腰部采用了皮搭扣的设计，款式较为宽松，街头气息浓厚，可以用铆钉来增加质感。

3.3.9　运动套装

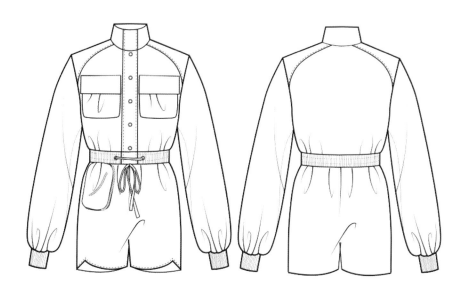

　　连体的长袖运动休闲服，采用了连体的设计，上身为长袖，下身为宽松的短裤，便于运动，使穿着者显得青春、活泼。

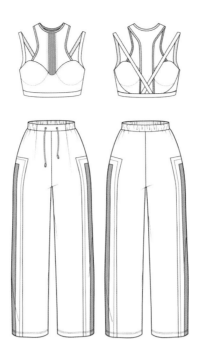

　　紧身背心运动上衣，配上宽松的运动长裤，形成了对比。短上衣和长裤均利于运动，又有一丝休闲的气息。可以采用饱和度较高的颜色，如柠檬黄、红、黑、蓝等。

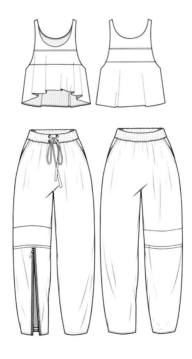

　　上衣采用宽松的短款背心设计，裤子采用宽松的设计。在裤腿部分将拉链从脚踝延伸到膝盖处，夸张的设计增加了款式整体的细节和可看性，也让服装增加了一丝街头气息。

　　短袖套头连帽衫搭配运动短裤，很标准的运动风格服装搭配，衣服的面料采用了较多的拼接来增加设计细节。

　　短袖上衣和运动短裙搭配，在细节上采用了拉链的设计，用织带作为点缀，增加了整体服装的动感，可以采用相对明亮的颜色。

CHAPTER 05

服装制版概述

什么是制版

服装制版的常见方法

服装制版的思维模式

1

什么是制版

服装制版是服装成衣制作前的图纸绘制过程，所完成的二维图纸称作"纸样"。服装制版是服装行业设计与制作的一个重要环节，好的服装板型，不仅是设计的表达，更是品质的保证和提升服装品质的关键，并且关系着企业生产的成败，因而受到服装企业和设计师的高度重视。

"服装结构设计"是服装制版的别称，其主要是对人体穿着服装的衣片结构进行研究，衍生于款式设计。

服装制版设计技术是指设计师运用专业的研究方法，将服装造型设计要求进行技术性的分解，利用一定的公式或技术数据，采用一定的设计手法，塑造符合排料裁剪，并与其他生产程序相关联的服装板型。

服装制版的常见方法

常见的服装制版方法可归纳为原型法、比例法、基型法、脱样法、立裁法。

2.1 原型法

这种制版方法源于日本，并在一定程度上改变了世界上其他国家的服饰裁剪方法。原型法主要基于立体裁剪和人体测量及数据统计分析所形成的"服装原型"，再根据服装款式，适当地对原型板进行加放、缩减，并绘制成图。

所谓"服装原型"，指符合人体原始状态的基本形状，也是服装结构与服装板型设计的基础，它能够轻松地将极其复杂的服装结构、造型及款式表现出来。

而原型的种类并不唯一，面对服装款式的特殊要求，不同种类的服装往往根据不同类型的原型来制版，如紧身合体（礼服）原型、宽松原型、外套原型、大衣原型等，不同款式的衣服都有专门适配的原型。

原型法制版适合款式较复杂、结构分割线较多、合体度要求较高的服装样板制作。在服装专业的入门教学中，关于"移省"和"结构变动"的理论阐释，大多采取了原型形式。

2.2 比例法

比例法是一种将现有服装产品的不同规格尺寸，按一定比例关系进行制版的工艺，它以成品规格的胸围为比例基数，直接绘制出款式所需的结构图。

比例法是通过长期的实践，根据大量成衣效果与数据公式对照为基础而建立的。对于一些标志性款式，其数据已经非常成熟和准确，不足之处就是容易被经验公式制约，设计性不强；计算公式不确定，胸凸量的产生不易把握，胸凸量较小；纸样的延伸和切展比较死板，不易塑型。

2.3 基型法

基型法制版设计技术是以一种与所要制版的服装样式相近的现成纸样为基本形式，再根据基模的局部形状进行打样。该设计方法有两种：一种是对原型进行简单的改造，然后将其作为一种特殊类型服装的基本模型；另一种是待加工的服装样品与现有的、规格适中的、已投入生产的服装样品的规格基本相同，对已投入生产的服装样板进行适当缩小，以获得所需的服装样板，这种方式既方便、快捷，又节省时间，相对比较先进。

2.4 脱样法

脱样法也称为"实寸法"，这种方法需要预先制作全号型样板，并缝制样衣，再根据实际需求的样式和规格进行调整制作。简单来说，就是将一件样品"分解"出来，顾客选好原料之后，便进行试穿样衣，并把需要修改的部位记录下来，然后制作出来。

2.5 立裁法

立裁法也称为"立体构造法"，是欧美主要的服装款式造型方法之一。它的操作方法是将布料贴在人体或人体模具上，利用面料的悬挂特性，使服装穿过折叠，通过分割、折叠、抽缩、拉展等技术手法制成预先构思好的服装造型。这种方法能很好地解决不对称、多褶皱等平面构造法难以处理的复杂造型的制版问题。立体裁剪不仅需要人台模特，还需要对平面制版方式有所理解，制作成本也比较高。

3

服装制版的思维模式

3.1 从平面思维到立体思维的转变

    立体造型的思维模式是服装制版过程中必不可少的思考问题的方式，这需要在二维的造型思维的基础上发挥空间想象力，并且对人体结构和运动方式进行深入理解。我们在制版的过程中会遇到大量的比例、数据以及公式，此时需要明白这些数字背后的含义，才能在面对不同造型与功能需求时举一反三。立体与平面的交织转换是服装设计过程中不可忽略的互补过程。

3.2 从单一思维到综合思维的转变

在实际开展服装结构设计时，不仅应该应用各不相同的技术方法，还需要把手工操作与数字化管理有机结合，进而能够让服装制版设计人员具有制作技巧，不仅可以在服装制版的设计中有所感觉，更可以从主观的角度展开创造。综合性的思维模式，是将造型诸多要素综合分析考虑，并加以整合研究解决。多元化处理立体与平面之间的平衡关系，权衡、协调局部与整体的关系以达到最优状态，才是一种辩证科学的思维模式，也是服装板型设计师应该努力具备的。

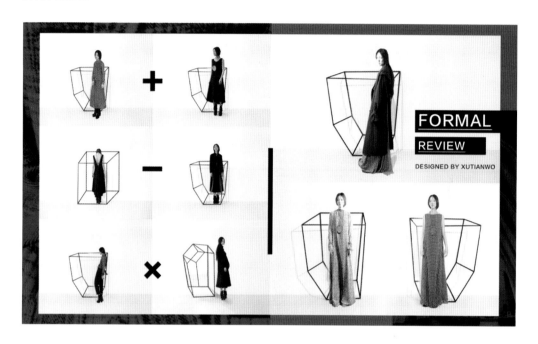

3.3 理性与感性兼备

制版师的工作往往来自设计师的款式图纸，以将二维款式向三维款式转换为目标，形态与结构似乎分属于两个不同的工作环节。然而，制版过程与设计过程无法单独存在，制版师同样需要参与创意、功能、结构在内的整个设计过程，如同形态和结构在一件服装中无法拆解一致，设计终将以失败告终。所以，如果都能够从人体的基本特征和审美取向上分析服装的形态与结构，那么发现其中隐藏的设计规律就会更容易。

参考文献

[1]朱新球.策略性客户行为的服装供应链分析〔J〕.长江大学学报：社会科学版，2014（06）.

[2]付前前.影响服装设计师创造力生成之关键因素研究〔D〕.北京服装学院，2015.

[3]杨莹婕.工装元素在现代女装设计中的应用研究〔D〕.东华大学，2019.

[4]史东晴.工装元素在时装设计中的符号性表达〔D〕.南京艺术学院，2021.

[5]翟益.新消费时代时尚工装的设计探索〔D〕.北京服装学院，2020.

[6]杨斯典.摇滚风格在服装设计中的研究与应用〔D〕.天津科技大学，2017.

[7]罗云.浅析摇滚系列服装风格在造型设计中的体现〔J〕.轻工科技，2015（3）.

[8]李克兢，刘天元.论现代朋克风格服装设计的创新方法〔J〕.南宁职业技术学院学院报，2014（4）.

[9]马德东.朋克服饰视觉符号的艺术价值〔J〕.轻纺工业与技术，2014（4）.

[10]罗云.浅析摇滚系列服装风格在造型设计中的体现〔J〕.轻工科技，2015（3）.

[11]薛倩.运动风格时装设计中的视觉语言应用研究〔D〕.重庆：西南大学，2016.

[12]魏统俊.论运动服装的发展历程与设计走向〔J〕.浙江体育科学，2010（3）.

[13]李千惠.高街运动服装风格之设计美学初探〔D〕.北京服装学院，2019.

[14]陈彬.运动服装设计〔M〕.上海：东华大学出版社，2018.

[15]王露.健康趋势与科技创新助力运动装设计发展〔J〕.装饰，2016（3）：22-25.

[16]郑晓红.论现代科技对服装审美的影响〔J〕.装饰，2018（7）：42-45.

[17]施文帆.基于折衷主义的运动休闲女装设计研究〔D〕.江南大学，2021.

[18]朱晓敏.军装元素在现代时装设计中的运用与创新探究〔D〕，辽宁：大连工业大学，2014.

[19]戴孝林.军服风格对现代服装的影响〔J〕.扬州职业大学学报，2001（3）.

[20]戴孝林.军服风格对现代服装的影响〔J〕.扬州职业大学学报，2001（3）.

[21]孙菲菲.民族风格服装中民族元素研究〔J〕.工业设计，2016（12）.

[22]刘天勇.民族服饰元素与时装设计[M].北京:化学工业出版社，2010：130-142.

[23]杭泽宇.浅谈十八世纪欧洲的"中国风"〔J〕.雕塑，2021（1）.

[24]王泽行.浅谈我国现代服装设计对传统文化的传承与创新〔J〕.美术教育研究，2020（16）：76-77.

[25]王琼.中国风影响下的现代服装设计研究〔J〕.轻纺工业与技术，2021（6）.

[26]奚源，熊兆飞.哥特式艺术对服装设计的影响［J］.山东纺织经济，2011（7）：71-73.

[27]周颖.基于现代哥特式风格在女装设计中的应用研究［D］.武汉纺织大学，2022.

[28]张纪文.服装设计中的流行因素［J］.纺织导报，2010（7）：96-98.

[29]沈雷，沈玉迎，吴艳.学院风在现代服装设计中的应用和表现［J］，毛纺科技. 2013（12）.

[30]曹佳想.服装设计中的意境创造［J］.国际纺织导报，2011（7）：59-62.

[31]沈雷，沈玉迎，吴艳.学院风在现代服装设计中的应用和表现［J］，毛纺科技. 2013（12）.

[32]葛英颖，焦媛琪.极简主义风格在女装设计中的应用及设计价值［J］，设计.2021（21）.

[33]吴志明.极简主义吹起装苑简洁风［J］.江苏纺织，1998（10）：32.

[34]张辛可.服装产品表达［M］.杭州:浙江大学出版社，2006.

[35]巩星辰，秦德清.浅析服装设计中的解构之美［J］.山东纺织科技，2017（5）：13-15.

[36]赵凤阁，周怡.解构主义服装设计的风格特征探究［J］.西部皮革，2019（8）.

[37]刘睿.解构主义服装风格研究［J］.福建轻纺，2017（11）.

[38]王洁，张英姿.未来主义风格服装设计探析与创新［J］.天津纺织科技，2022（2）.

[39]张技术.服装生态设计中材料的选择及应用［J］.针织工业，2012（4）64-66.

[40]鲍丰.未来主义元素在休闲女装中的设计应用［D］.武汉纺织大学，2021.